佳節有時

国丝汉服节纪实

主　编　楼航燕

副主编　钟红桑　李晓雯

东华大学出版社·上海

图书在版编目（CIP）数据

佳节有时：国丝汉服节纪实 / 楼航燕主编；钟红桑，
李晓雯副主编. — 上海：东华大学出版社，2024.4
ISBN 978-7-5669-2350-9

Ⅰ.①佳… Ⅱ.①楼… ②钟… ③李… Ⅲ.①汉族—
民族服装—中国 Ⅳ.①TS941.742.811

中国国家版本馆CIP数据核字（2024）第058617号

责任编辑：张力月
封面设计：上海程远文化传播有限公司
装帧设计：上海三联读者服务合作公司

佳节有时：国丝汉服节纪实
JIA JIE YOU SHI: GUOSI HANFUJIE JISHI

主　编：楼航燕
副主编：钟红桑　李晓雯
出　版：东华大学出版社（上海市延安西路1882号，邮政编码：200051）
本 社 网 址：dhupress.dhu.edu.cn
天猫旗舰店：http://dhdx.tmall.com
营 销 中 心：021-62193056　62373056　62379558
印　刷：浙江海虹彩色印务有限公司
开　本：710mm×1000mm　1/16
印　张：11
字　数：282千字
版　次：2024年4月第1版
印　次：2024年4月第1次印刷
书　号：ISBN 978-7-5669-2350-9
定　价：98.00元

目录

第一章

国丝汉服节纪实

图1-1 "国丝汉服节：佳节有时"海报

　　2023年4月22—23日，"国丝汉服节：佳节有时"（图1-1）开启了全新的第二篇章，跳出了以朝代为分类的服饰展示模式。毕竟作为博物馆出品的汉服节，不该止步于此，中国丝绸博物馆（以下简称"国丝馆"）有职责为传承和弘扬优秀传统文化添砖加瓦，探寻传统文化中更广阔的天地。

　　节日通过各种仪式让普通的某一天变得特殊而有记忆点。中国传统佳节门类多样，有为了庆贺的节日，也有为了纪念的节日。人们会在节日的这一天特地换上特定的服装，举行丰富多彩的活动。1月5日，国丝馆发布了"汉服之夜"的招贤令，要求汉服研究团队从春节、元宵、中秋、冬至等8个传统节日中择一表演小情景剧，以节日服饰为切入点，通过在节日中发生的人物故事呈现传统服饰的美妙。

　　中国素有"衣冠古国"之称，吉祥图案承载着古人的审美情趣和对幸福生活的向往，结合织绣印染工艺将其融于精致的丝绸衣饰中，寄予着人们祈子延寿、纳福富贵、婚姻美满、驱邪避灾的美好愿望。为配合今年"佳节有时"的主题，国丝馆特别策展"衣饰祥瑞：中国传统服饰中的吉祥纹样"，

2023 "国丝汉服节：佳节有时" 招贤令

自 2018 年以来，中国丝绸博物馆依托馆藏文物和学术资源，成功举办了五届 "国丝汉服节"，按年代划分，梳理了汉、晋、唐、宋、明时期的传统服饰。

2023 年，"国丝汉服节" 开启新篇章，今年的主题为 "佳节有时"，聚焦节日文化，以服饰、纹样作为依托，展现中国传统文化的博大精深。现发布招贤令，召集汉服复原爱好者参与活动，共襄盛会。

活动时间：2023 年 4 月 22 日—23 日

活动地点：中国丝绸博物馆

汉服爱好、复原和研究者召集

国丝馆将在 4 月 22 日晚上举办 "'汉服之夜'暨汉服主题秀活动"。由于节庆活动和应景服饰在宋之后越发鼎盛，因此此次汉服节招募宋、明应景服饰研究、复原、设计、制作者参加分享和展示。

招募要求

1. 以中国传统佳节作为情景，如春节、元宵、清明、端午、七夕、中秋、重阳、冬至，设置小故事进行表演。参与团队在情景剧结束后，需挑选 1~2 套服饰进行讲解，总时长 15 分钟。

2. 复原者可报名一个或多个节日，需要提供展示方案，包含内容如下：
 ◆ 团队简介
 ◆ 情景剧大纲
 ◆ 服饰设计说明及参考文物（或文献）来源
 ◆ 成衣平铺图、上身图、工艺细节图等（若无成衣，设计稿＋往期同款服饰平铺图亦可）

3. 国丝将根据方案择优入选，选中的团队可登上汉服之夜舞台，同时可获得参与 "文物鉴赏" 名额 2 个。

4. 报名日期：即日起至 2023 年 2 月 3 日。

通过国丝馆收藏的近 40 件战国至清代织绣服饰，生动呈现数千年来中国古代汉族服饰吉祥图案艺术风格的发展变迁（图 1-2）。

"银瀚论道" 作为一个探讨汉服相关的文化交流平台，每年的主题都不一样，内容上会对当年的大主题起到补充作用。今年的 "银瀚论道" 更加侧

中国传统服饰中的
吉祥纹样
AUSPICIOUS DESIGNS
on TRADITIONAL CHINESE
GARMENTS and ACCESSORIES

衣饰
祥瑞

2023.4.1
2023.6.1

主办
中国丝绸博物馆
展览地点
中国丝绸博物馆纺织品文物修复展示馆 二楼
Textile conservation gallery,China national silk museum

中国丝绸博物馆
China National Silk Museum

图 1-2 "衣饰祥瑞"
展海报

重非物质文化遗产中的传统手工艺人。汉服的复兴在一定程度上带动了传统手工艺的发展，比如首饰上的花丝镶嵌、绒花、缠花、辑珠等技艺层出不穷、蓬勃发展。活动邀请了不同领域的手工艺人分享他们正在做的传统文化复兴和推广。

除了与往年一样的"展厅导览""专题讲座""文物鉴赏""汉服之夜""银瀚论道""手工艺集市"等常规活动，今年的汉服节契合佳节主题的"花灯巡游"活动。为了增加巡游的趣味性和可看性，活动安排了舞狮表演，准备了来自安徽的非遗——大鱼灯，以期再现"一夜鱼龙舞"的盛景。

创新的活动同样需要围绕着"让文物活起来，让生活更美好"的宗旨，国丝汉服节严谨性、研究型的特点一以贯之。"朱弦玉磬·传统音乐会""童趣·汉服萌娃沉浸式体验"亦是如此，以复原的明代乐器乐曲，复原的服饰传递过去的经典美。

2022 年在园区中的"竹林七贤"打卡活动广受大家欢迎，今年更新设置为"八仙过海，各显神通"盖章打卡游戏。八仙的扮演者和萌娃人选均向公众招募，邀请汉服爱好者们共同参与（图 1-3、图 1-4）。征集一经发出，便收到了近百位志愿者和百余位小朋友的报名。经过精心遴选，确定参与活动人员的名单。一切准备就绪之后，完整的活动详情终于发布了（图 1-5）。2023 年 4 月 17 日，历经 4 个月的辛苦筹备，2023 年"国丝汉服节：佳节有时"终于要揭开帷幕！

图 1-3 "八仙打卡"扮演者

图 1-4 "暗八仙"纹样盖章

4月22日			
10:00-10:40	展厅导览	丝路馆	丝路馆吉祥纹样
		修复馆	"衣饰祥瑞"展
13:00-15:00	专题讲座	银瀚厅	牛犁：《明代节俗补子与吉祥纹样》
			田少煦：《节令民俗视阈下的传统纹样》
15:30-16:00	文物鉴赏	行政楼	黄绮折枝花卉女单衣
			曲水如意云纹罗裙
18:00-18:20	"花灯巡游"	丝路馆门口喷泉处	狮子戏球领头 欢迎观众随行参与
19:00-21:30	汉服之夜	银瀚厅	德清汉礼：《德清年味》
			浙江京昆艺术中心：《长生殿》
			云今：《三世上元节》
			丹邱&雪朔：《春和景明》
			乔织：《临安故事》
			花朝记：《朝·夕》
			锦瑟衣庄：《一年景》
			扬眉剑舞：明代佳节应景服饰
4月23日			
09:30-11:00	银瀚论道	银瀚厅	何红兵：《故宫倦勤斋的竹木修复》
			朱立群：《中国传统罗织物的创新与发展》
			山茶：《余杭油纸伞简介》
			谢敏：《桃李花歌——中国汉族聚集区传统印染材料与工艺标本库的建立和应用实践》
			雁鸿：《宫灯的历史、结构，以及设计和制作》
13:00-16:00	童趣·汉服萌娃沉浸式体验	园区 修复馆 儿童馆	
14:30-15:30	朱弦玉磬传统音乐会	银瀚厅	蜃楼志：视频展演《闽都岁时记·春灯引》
			阿勒克什乐队：明清复原乐
4月22日-23日全天	手工艺集市宋韵 集市	锦绣广场 桑庐	
	"八仙过海"打卡	园区	

图1-5 "国丝汉服节：佳节有时"活动流程

报名｜2023"国丝汉服节：佳节有时"精彩活动新鲜出炉，快快关注！

莺飞草长，春日国丝，
一场盛会即将来临！
"汉服之夜""银瀚论道""专题讲座"，
"一夜鱼龙舞"花灯巡游，
"朱弦玉磬"传统音乐会，
精彩尽在2023"国丝汉服节：佳节有时"
4月22日—23日，
期待您的到来！

国丝汉服节活动将全程在中国丝绸博物馆官方B站、微博、视频号（搜索"中国丝绸博物馆"官方账号，进入即可收看）等平台实时直播。抖音短视频旗下官方账号"抖音和ta的朋友们"将直播"汉服之夜"。系列活动等您报名。

1. 展厅导览

时间：4月22日10：00—10：40

地点：中国丝绸博物馆丝路馆、纺织品文物修复展示馆

内容：导览明清吉祥纹样、"衣饰祥瑞"特展

形式：线上线下

2. 专题讲座

时间：4月22日13：00—15：00

地点：中国丝绸博物馆时装馆一楼银瀚厅

《明代节俗补子与吉祥纹样》牛犁

讲座人简介：江南大学设计学院教授，硕士生导师，至善青年学者，教育部中华优秀传统文化传承基地（江南大学）副主任。

《节令民俗视阈下的传统纹样》田少煦（注：此专家为线上直播）

讲座人简介：深圳大学教授，博士生导师，国家高层次人才特殊支持计划（国家"万人计划"）领军人才。

3. 文物鉴赏

时间：4月22日15：30—16：30

地点：行政楼一楼会议室

形式：线上直播

鉴赏文物：黄绮折枝花卉女单衣、曲水如意云纹罗裙等

4.“一夜鱼龙舞”花灯巡游

时间：4 月 22 日 18：00—18：25

路线：喷泉广场→拱桥→嫘祖像→锦绣广场

5.汉服之夜

时间：4 月 22 日 19：00—21：30

地点：中国丝绸博物馆时装馆一楼银瀚厅

德清县汉礼传统服饰研习社：《德清年味》

浙江京昆艺术中心：《长生殿》

云今：《三世上元节》

丹邱＆雪朔：《春和景明》

乔织：《临安故事》

花朝记：《期·夕》

锦瑟衣庄：《一年景》

扬眉剑舞：《明代佳节应景服饰》

6.银瀚论道

时间：4 月 23 日 9：30—11：00

地点：中国丝绸博物馆时装馆一楼银瀚厅

主题：巧手匠心——传统手工艺的实践与创新

《故宫倦勤斋的竹木修复》何红兵（中国传统工艺大师、国家级非遗项目东阳竹编浙江省级代表性传承人）

《中国传统罗织物的创新与发展》朱立群（工艺美术师、非遗“吴罗织造”技艺传承人）

《余杭油纸伞简介》山茶（杭州春桃设计运营总监）

《桃李花歌——中国汉族聚集区传统印染材料与工艺标本库的建立和应用实践》谢敏（谢太傅印染工艺社主理人）

《宫灯的历史、结构，以及设计和制作》雁鸿（手工艺达人，自媒体博主）

7.“朱弦玉磬”传统音乐会

时间：4 月 23 日 14：30—15：30

地点：中国丝绸博物馆时装馆一楼银瀚厅

视频展演：蜃楼志 STUDIO《闽都岁时记·春灯引》

表演团队：阿勒克什乐队

◆上半场曲目：

《江神子》

《桂花曲》

《小重山》

晚明琵琶和乐队《鹊桥仙》

《长命女》

《贺新郎》

《大明宫》

短曲三首《敦煌乐》《宫中乐》《寿阳乐》

◆下半场曲目：

《金锦鸡儿丛》

《万丽 – 何英花》

《金杯》

十四弦筝独奏《四段锦节选》

《青纱盖头》

《明灯盏》

《老六板》

《丹池境》

8. 手工艺集市 / 宋韵集市

时间：4 月 22 日—23 日

地点：锦绣广场 / 时装馆门口 / 桑庐

9. "八仙过海"打卡盖章游戏

时间：4 月 22 日—23 日

地点：中国丝绸博物馆园区

游戏规则

（1）参与者在博物馆进门处领取"八仙"打卡册；

（2）在馆区内找到"八仙"获得暗八仙纹样盖章，集齐 8 个章后可在签到台领取文创礼品。礼品数量有限，先到先得。

同时也欢迎大家拍摄精彩视频、图片，带话题＃国丝汉服节＃江南美景配上汉服太绝了，发布抖音；或者带话题＃国丝汉服节＃上传微博发布微博并 @ 中国丝绸博物馆，一起参与互动。

自 2018 年第一届国丝汉服节举办，国丝馆的园区里便会营造节日的氛围。恰逢今年"佳节有时"的主题，正是张灯结彩营造汉服节氛围的好时候。廊上悬挂的八角灯笼参考自明代《宪宗元宵行乐图》《观灯图》，由传统文化推广者阿时和国丝馆 40 位志愿者倾力制作完成；时装馆大厅的大堂灯、宋韵集市以及园区其他的装饰由屐楼志精心设计布置（图 1-6～图1-15）。

图 1-6 长廊下的八角灯和竹丝灯

图 1-7 八角灯

图 1-8 大堂灯

图 1-9 宋韵集市的灯柱

图 1-10 货郎车

图 1-11 货郎车上的小挂件

图 1-12 手工艺集市

图 1-13 签到台

图 1-14 海报墙

图 1-15 指引牌

4月22日上午，国丝馆讲解员李梦晴和钟红桑带领着大家参观了丝路馆馆藏织物，并导览"衣饰祥瑞：中国传统服饰中的吉祥纹样"特展（图1-16、图1-17）。

图1-16 讲解员李梦晴导览

图1-17 讲解员钟红桑导览

下午的"专题讲座"中，深圳大学教授田少煦、江南大学教授牛犁在线上为大家带来题为《节令民俗视阈下的传统纹样》《明代节俗补子与吉祥纹样》的讲座（图1-18）。田少煦教授认为伴随着节令民俗，我们的先辈创造了丰富的图案与纹样，它根植于中华文化的肥沃土壤，具有浓郁的乡土气息和淳风之美。同时还反映了人与自然的和谐关系，凝聚了人们对美好生活的向往，它从造型手法、色彩观念、空间形态甚至观看方式等方面都与西方图像体系形成了鲜明对照，在华夏艺术中独树一帜。牛犁教授分享随着纹样艺术发展至繁而丰茂的阶段，补子的呈现方式为主题纹样的组合搭配提供了更多样的构图思路与艺术表达。同时，基于节俗传统形成的应景时令纹样连接着宫廷与民间共通的质朴情感和美好愿望，承载着对自然与生活延绵不息的崇敬精神。

"文物鉴赏"是每年国丝汉服节的必备环节（图1-19）。汉服研究者们在中国丝绸博物馆陈列保管部主任王淑娟的带领下近距离观赏文物服饰，此次鉴赏的文物是明代晚期江西九江荷叶墩万黄氏墓出土的黄绮折枝花卉女单衣和曲水如意云纹罗裙。

图1-18 "专题讲座"

图1-19 "文物鉴赏"

到了傍晚暮色苍茫之际，大家聚集在丝路馆门口的喷泉广场上等着"花灯巡游"开场（图1-20~图1-22）。一阵鼓声后，火红的"狮子"向着宝珠扑去，其间还引逗了围观的汉服萌娃，人群中发出阵阵欢乐的笑声。随后，在大鱼灯的带领下，伴随着鼓点声，巡游队伍缓缓前行。远远望去，女孩子头上的满头珠翠映着盈盈灯火，不正是辛弃疾词中"蛾儿雪柳黄金缕""玉壶光转，一夜鱼龙舞"的景象吗！

图1-20 狮子戏球

图1-21 巡游队伍

图1-22 同袍的螃蟹灯

4月22日晚上19：00，国丝汉服节的重头戏"汉服之夜"正式开幕（图1-23），浙江省文化和旅游厅副厅长朱海闵，浙江省人民政府外事办公室副主任王红威，浙江省文物局副局长夏丹荷，浙江省京昆艺术中心党委书记、主任顾炯，浙江图书馆副馆长朱烨琛，中国丝绸博物馆馆长季晓芬，副馆长张成名等领导出席活动。4月23日，恰逢"全民阅读日"，中国丝绸博物馆与浙江图书馆共建的"公共文化共同体阅读体验空间"同步面向公众开放，中国丝绸博物馆副馆长张成名与浙江图书馆副馆长朱烨琛共同揭牌（图1-24）。最后，浙江省文化和旅游厅副厅长朱海闵宣布活动开幕。

"汉服之夜"凭借精致华美的复原服饰，生动的表演受到广大观众的喜爱。本次"汉服之夜"共有6支汉服团队，聚焦传统节日，通过情景剧呈现古代春节、元宵、清明、端午、七夕、中秋等节日，再现千百年前先民的生活百态（图1-25）。

图1-23 "汉服之夜"现场

图1-24 阅读体验空间揭牌

图1-25 汉服之夜主持人孙曦轩

德清县汉礼传统服饰研习社带来的《德清年味》讲述左都御史胡慎言辞官回乡德清，在故乡充满年味的集市中忘却烦闷、陶醉其中（图1-26）；云今团队的《三世上元节》中，故事以南宋末、明初、明末三个时期的元宵节为背景，以三位女子的故事为主线，串联起了一条关于爱与别离的历史剪影（图1-27）；丹邱美术影像＆雪朔团队的《春和景明》带大家走进北宋末南宋初年的临安街头，见证清明时节宋代的市井之气（图1-28）；乔织团队的《临安故事》围绕南宋咸淳元年间，风雨飘摇，朝局动荡，正

图1-26　德清县汉礼传统服饰研习社《德清年味》

图1-27　云今《三世上元节》

图1-28　丹邱＆雪朔《春和景明》

在筹备端午的周氏姐妹即将陷入困境的故事展开（图1-29）；花朝记团队的《期·夕》通过描述七夕佳节，宋代的两位少女惊险的际遇，表达了人物成长以及时代变换（图1-30）；锦瑟衣庄团队的《一年景》以一段发生在南宋中秋的故事，讲述从古至今，我们都经历过的情感、选择与勇气（图1-31）。明代上至宫廷贵族下至百姓都十分重视节序转换，宫廷有按岁时转换改变服饰纹样的习俗，民间节日期间也崇尚盛服贺岁、鲜衣亮行。美轮美奂的情景剧后，著名学者扬眉剑舞为大家深入解析了明代佳节应景服饰，增强大家对传统服饰文化的认知（图1-32）。

图1-29　乔织《临安故事》

图1-30　花朝记《期·夕》

图1-31　锦瑟衣庄《一年景》

图1-32　扬眉剑舞讲解明代应景服饰

2023年的"汉服之夜"亮点纷呈。它不局限于服饰,还融入了被誉为"百戏之祖"的昆曲表演。昆曲在2001年第一批被联合国教科文组织列入"人类口头和非物质遗产代表作"。表演团队正是凭借《十五贯》被《人民日报》称为"一出戏救活一个剧种"的浙江昆剧团,还曾受到周恩来总理的赞誉。浙江昆剧团的专业演员表演了《长生殿》中发生在七夕节的《小宴》一折(图1-33)。旦角演员一亮相,观众席中就发出惊叹的赞美。可能文绉绉的唱词不是那么容易理解,婉转的水磨腔听得让人着急,但是专业演员呈现出来的精致扮相、优美身段和圆润饱满的音色,是一种具有普适性的美,令观众沉浸其中,这就是传统审美的魅力。

"汉服之夜"最后,中国丝绸博物馆馆长季晓芬为"国丝汉服节:佳节有时"推荐官颁发荣誉证书,感谢他们对本次活动的支持,鼓励他们继续在自己的领域不懈推广传统文化(图1-34)。

本届"汉服之夜",各家团队的表演涵盖了多种领域。有庙堂之高的大礼服,也有江湖之远的庶民服装,对传统汉服的探讨研究也更加深入,更加细致(图1-35、图1-36)。昆曲的加入同样也是"佳节有时"这个新主题想要传递"始于衣冠,达于博远"的理念体现。

图1-33 浙江京昆艺术中心《长生殿》

图1-34 季晓芬馆长为推荐官颁发证书

图1-35 明代官员正旦穿着的朝服

图1-36 同袍扮演的古代货郎和卖扇娘

4月23日上午"银瀚论道"的主题是"巧手匠心——传统手工艺的实践与创新",国丝馆邀请了5位演讲者结合自身擅长的手工艺作分享(图1-37)。

国家级非遗项目东阳竹编浙江省级代表性传承人何红兵分享修复故宫倦勤斋的经历,讲述修复过程中鲜有人知的故事(图1-38);非遗"吴罗织造"技艺传承人朱立群从中国传统纱罗织造技艺与当下审美需求的实用性探索出发,介绍了苏罗工艺技术以及它独特的面料风格(图1-39);余杭油纸伞是浙江省级的非物质文化遗产,其制作涉及72道制作工序,杭州春桃设计运营总监山茶从中挑选出余杭油纸伞独具特色的工艺跟大家分享(图1-40);谢太傅印染工艺社主理人谢敏解析了中国汉族聚集区传统印染材料与工艺标本库的建立和应用实践(图1-41);自媒体博主雁鸿分享了传统宫灯的历史、形制以及制作工艺(图1-42)。

图1-37 "银瀚论道"主持人楼航燕

图1-38 何红兵《故宫倦勤斋的竹木修复》

图1-39 朱立群《中国传统罗织物的创新与发展》

图1-40 山茶《余杭油纸伞简介》

图1-41 谢敏《桃李花歌——中国汉族聚集区传统印染材料与工艺标本库的建立和应用实践》

图1-42 雁鸿《宫灯的历史、结构以及设计和制作》

4月23日虽然是工作日，但是当天下午的"朱弦玉磬·传统音乐会"（图1-43）现场竟然座无虚席。蜃楼志团队首次播放了他们的新作《春灯引》，短片讲述了晚明时期发生在元宵节，福州女子桃珠的故事（图1-44）。短片结束，片中的伴奏团队阿勒克什乐队正式登场，他们在1个小时里载歌载舞，表演了《江神子》《桂花曲》《明灯盏》……16首乐曲在复原的古代乐器中弹唱开来，听得观众如痴如醉（图1-45）。

接下来的"童趣·汉服萌娃"沉浸式体验活动，特别为小朋友们量身定制，复原妆造游园打卡，在他们心里播下一粒文化复兴的种子（图1-46）。

图1-43　"朱弦玉磬"传统音乐会

图1-44　蜃楼志《春灯引》

图1-45　音乐会上的载歌载舞

图 1-46　汉服萌娃

2022 年，"国丝汉服节"首次走出中国，迈向世界。杭州—巴黎的双城联动产生了热烈的反响，受到了众多外国朋友的欢迎。今年国丝馆继续深化汉服节国际双城联动，策划了"杭州—帕拉马里博"汉服节双城记，于 4 月 30 日在"国丝汉服节：佳节有时"分会场——苏里南首都帕拉马里博举办"汉服之夜"活动，为当地民众带来丝路文化讲座、古琴表演、民族舞蹈表演、汉服走秀等，让更多的海外民众了解中国文化（图 1-47、图 1-48）。

季晓芬馆长在汉服之夜上预告了明年的主题：古韵今风。这个主题想要探讨的是汉服在当今快节奏的生活中该如何找到属于它的位置，与其说是汉服时尚化，不如说是汉服现代化。希望各研究团队呈现的是在保持汉服形制不变的大前提下，运用各种装饰、搭配、面料去尝试让汉服融入日常生活。期待大家明年精彩的作品！

图 1-47　国丝汉服节在苏里南帕拉马里博

图 1-48　"汉服之夜"合影

第二章

展厅导览

第一节
明清纹样

　　说起"吉祥"一词，相信大家非常熟悉，古人云："吉者，福善之事；祥者，嘉庆之征。"它表达的是对未来的祝福与期盼，而传统吉祥纹样则成为这种美好祝福的载体。吉祥纹样在明清时期发展达到鼎盛。此次介绍的吉祥纹样以明清时期服饰纹样为例，服饰大致以皇帝后妃、官员贵族、平民百姓三大类归纳。

　　提起明清时期的统治阶级，肯定少不了象征皇权的龙纹。在我国传统文化中，龙司掌兴云布雨，象征祥瑞，是统治阶级身份的象征，其寓意表现为能够带来国运昌盛，吉祥安康。龙纹在历朝历代都有不同的发展，清代有团龙、坐龙、行龙、升龙等。

图 2-1　蓝缎地绣彩云金龙纹朝褂

　　图 2-1 为清代女朝褂，是后妃及贵族女性在朝会、祭祀、生日、婚礼等正式场合穿在朝袍外的礼服。这件女朝褂上的龙纹很特别，是用金线盘绣出的两条相对的龙纹。这两条龙头部在上方，呈升起的姿态，为升龙。左侧的金龙，龙头往右上方飞升，称"右侧升龙"；与它相对称的则被称为"左侧升龙"。升龙又有缓急之分，升起较缓者，称"缓升龙"，升起较急者，称"急升龙"。此件女朝褂上的两条龙腾空跃起，推测应属急升龙。

　　图 2-2 中清代蟒袍上的龙纹很特别，它是由一条龙绕过两肩盘在衣服的前胸后背处，被称为过肩龙，传承自明代。在我国古代，龙象征皇权，代表至高无上的地位，早期出现时一般是三个或四个爪子。随着中央集权的加强，天子更加注重自己的伟岸，给自己的龙纹定为

图 2-2　黄色柿蒂窠妆花缎裙式蟒袍

五爪，即五爪为龙，四爪为蟒。所以这件衣服被称为"蟒袍"而非"龙袍"。

　　图 2-3 中是一件乾隆时期朝袍复制品，原物收藏于故宫博物院。这件朝服最引人注目的当属中间位置的正龙形象。正龙亦称坐龙，龙身盘踞，正襟危坐，爪子伸向四方，头朝正面，姿态庄严肃穆。在明清时期，皇帝服饰上的龙纹几乎都有"珠"存在，而"珠"来源于天文学中的星球运行轨迹

图 2-3　明黄缎绣云龙朝袍

图，寓意帝王洪福齐天。此件朝袍上的龙纹是用金线刺绣而成，非常具有立体感，栩栩如生。古人穿衣非常讲究，有严格的规定，不同的场合穿不一样的服饰。此件朝服是皇帝在大婚、万寿节、祭祀时穿的大礼服。朝服除了龙纹还有十二章纹，代表皇帝的最高权力。所谓十二章纹就是面积比较小的十二个小纹样，分别为日、月、星辰、山、龙、华虫、宗彝、藻、火、粉米、黼、黻。十二章纹代表十二种寓意，日、月、星辰纹代表三光照耀，象征皇恩浩荡、普照四方。山纹，代表帝王的稳重性格，象征帝王能治理四方水土。龙纹，变化多端，象征皇帝善于审时度势处理国家大事。华虫纹，为雉鸡，象征皇帝文采斐然。宗彝纹，是古代祭祀的一种器物，通常是一对，里面有一虎一蜼，象征帝王忠孝美德。藻纹，则象征皇帝品行冰清玉洁。火纹，象征光明和向上。粉米纹指的是白米，象征皇帝给养人民。黼纹为斧头形状，象征皇帝做事明断辨决。黻纹为两弓向背，代表帝王明辨是非，从善背恶。十二章纹包含了至善至美的皇帝美德，象征皇帝是大地的主宰，时刻提醒皇帝如何做一位明君。

图 2-4 中的袍为明代官员的补服。大襟、盘领、广袖，衣料为明代十分流行的折枝花卉纹暗花缎，最引人瞩目的是该袍前胸处有一块方补。方补内有两只作回头观望状的孔雀，空隙处填以四合如意云纹。补子是指在衣服的前胸后背处有一块方形装饰，源自元朝时期的胸背，但当时仅有装饰功能，还没有等级理念。明代初期补子所代表的等级理念还处于模糊状态，后期随着补服制度不断完善，才确立"补"为区别文武官员品级大小的重要标志。补子上的纹样特别有意思，文官的补子上一般是飞禽，代表智慧，比如一品是仙鹤，二品是锦鸡等；武官服饰上的补子一般是猛兽，象征勇猛，比如一品、二品是狮子，三品、四品是虎豹等。

图 2-4 暗花缎孔雀方补广袖袍

图2-5也是补服，只不过年代不同，属于清代。前胸后背缀有彩绣麒麟方补，小麒麟气宇轩昂，周围有红日、花卉相互陪衬。根据补子可判断此件为清代一品武官所穿。不同于明代，清代补服发生了变化，演变为了褂。补服胸前有一排扣子，所以前补分为两块，大多都是直接织绣好再缝缀到衣服上去的。而且清代补子尺寸变小，底色多以深蓝为主，纹样中动物大多以单只出现。

补子不仅会出现在官员的补服上，也会出现在一些贵族命妇的衣服上，比如图2-6中的清代霞帔。凤冠霞帔是古代女性梦寐以求的服饰，此件是清代汉人命妇在正式场合所穿着的，霞帔前后有补子，补子上的纹样是一只云雁并绣有云纹、蝙蝠纹、杂宝纹。在清代，一般贵族命妇霞帔上的补子品级代表其丈夫或儿子的官职高低，而且因为女子娴淑，不宜习武，所以武官的母亲或妻子的霞帔补子也是用禽补而非兽补。

图2-5　黑色横罗麒麟补服

图2-6　石青色缎绣云龙纹云雁补霞帔

明清时期除了用以区分官位品级的补子之外，也会有应景的节令补，比如元宵节用灯笼补，中秋节用月兔补子等。

图2-7是一件清代的石青色缎地打籽绣蝶恋花八团女褂，该褂以石青色缎为绣底，圆领，对襟，一字型纽扣，下摆饰八宝海水江崖纹，寓意福山寿海。整件衣服共绣八个团花，分布在衣服的双肩、前胸、后背处。团花寓意一团和气，在清代受到贵族女性的喜欢，团花内采用打籽绣绣出蝶恋花纹样，团花采用"喜相逢"构图方式，一对蝴蝶上下盘旋于牡丹花中，并间饰花卉、蝴蝶等图案，富丽端庄。蝶恋花纹样中花卉一般象征贤良的女子，蝴蝶象征感情专一的男子，蝴蝶围绕着花朵，寓意对美好爱情和幸福生活的向往。再加上蝴蝶两字发音分别与福气的"福"以及耄耋的"耋"有相似，故而又有福寿安康的吉祥寓意。

图 2-7　石青色缎地打籽绣蝶恋花八团花女褂

　　明清时期，平民百姓服饰上的纹样也丰富多彩。图 2-8 中的清代马面裙是明清时期女性最为典型的裙装，裙分两片，围系腰间交叠后，在裙子中间部位形成长方形的门幅，门幅中下部分会织绣花鸟、人物等吉祥纹样。这件马面裙上是用三蓝打籽绣在中央绣出了一个瓷瓶，瓷瓶里插着盛开的牡丹花，寓意太平富贵。周围还填充了一些博古类的杂宝纹，有画卷、书籍，代表高洁文雅。最右侧的花盘里盛放着散发香气的佛手，佛手通"福寿"，也是古人非常喜爱的吉祥纹样。

　　除了珍花瑞兽，明清时期的吉祥纹样会有人物故事的题材，如图 2-9 的

图 2-8　蓝缎地三蓝绣太平富贵栏杆裙

清代白纱地洒线绣戏曲人物女褂。此女褂衣身面料以白色直径纱地，又以米色的衣线用戳纱绣绣出了菱形纹，在洒线菱地上又以各色丝线绣出亭台楼阁戏曲人物纹样。纹样中的男子玉树临风，手持折扇，扇面上有"张生"二字，在他身后有一女子在招手，似乎在呼唤男子，推测可能是红娘。显然，这纹样描绘的是《西厢记》里的故事情节。这样的人物故事以纹样出现，可能与当时的社会风气有关。明清时期，听戏、唱戏、看小说等活动进入了寻常百姓家，变得十分普遍。以戏曲小说为题材的人物纹样也受到了人们的喜爱，除了《西厢记》，还有《红楼梦》《八仙过海》等。《西厢记》主要讲述了书生张君瑞与相国小姐崔莺莺相互倾慕，在丫鬟红娘的帮助下，冲破封建礼教的禁锢而结合的爱情故事，这样的人物故事纹样表达了古人对美好爱情的憧憬和向往。

　　"有图必有意，有意必吉祥"成为明清时期非常重要的主题。人们在吉祥纹样上看到的是人物花卉、祥禽瑞兽，感受到的却是言不能尽、不言而喻的美好意境。

图 2-9　白纱地洒线绣戏曲人物女褂

"衣饰祥瑞：中国传统服饰中的吉祥纹样"展

钟红桑

2023年国丝汉服节的主题是"佳节有时"，在传统文化中，丝绸服饰与节令风俗息息相关。服饰上丰富多彩的纹样体现着灿烂的节日文化，表达了人们对美好生活的寄托（图2-10）。

《左传·定公十年》注疏："中国有礼仪之大，故称夏；有服章之美，谓之华。"古人的笔下，礼仪与丝织服饰并列成就华夏。丝织品上的各色图案承载着古人的审美情趣和对幸福生活的向往。

早期的丝绸并不像后世那样作为服饰等日常使用的布料，而是被视为升入天堂的通灵之物，主要用于事鬼神。因此缥缈连绵的云山、天上的有翼瑞兽、直白表述吉祥的铭文成为战国至汉晋服饰的吉祥纹饰。

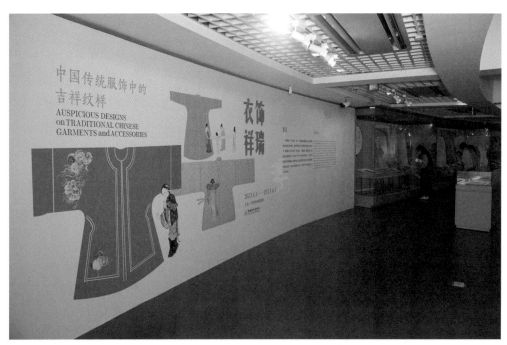

图2-10 "衣饰祥瑞"展

对龙对凤纹锦

这块对龙对凤纹锦由英国友人Michel Francis 夫妇捐赠，同类织锦在湖南长沙左家塘战国晚期墓中也有发现（图2-11）。锦上的主题图案为对龙、对凤和对虎等瑞兽纹样，中间穿插了各种小型几何纹、杯纹和象征太阳的星纹。大家看这些图案，可能无法仔细辨别出具体的龙凤虎形象。它们的整体风格更加抽象，体现的是当时荆楚唯美浪漫的艺术风格。

隋唐时期是丝绸之路东西文化交流的高峰期，各种来自西亚、中亚的纺织技术和纹饰被世人争相引进、效仿。

西方的工匠为了求神庇佑，会把代表神灵、君权的图案装饰在丝织品上。除了

图 2-11　对龙对凤纹锦

有代表光明的联珠圈，在丝绸上出现的动物也与"天神"有关。比如野猪、骆驼、山羊是征战和胜利之神韦雷特拉格纳的化身。动物脖颈、腿足上飘扬的绶带源于王室专用的披帛，借以强调其神圣的属性。而这些图案沿丝绸之路流入汉地后，原本君权、神圣的宗教色彩被淡化、遗忘，动物不再是神灵的化身，而仅仅以其美丽的形象作为服饰、日用品上的装饰。

锦袖宝花纹绫袍

隋唐时期，除了受到西方影响的联珠团窠纹、陵阳公样以及之后皇甫新样等著名纹样之外，还有一种纹样，硕大饱满、富丽堂皇，特别能代表隋唐雍容的气象，那就是宝花纹。图 2-12 中的锦袖宝花纹绫袍为唐代典型的圆领袍，款式为圆领、左衽，后片中间开衩，整件衣服由 5 种不同的织物拼缝而成。

主体面料棕褐色宝花纹绫的宝花硕大饱满，直径约 44cm，由三层构成，里层是正视开放的八瓣花卉形成的圆形花芯，中间层为八朵卷云圈围成，最外层是八朵盛开的莲花，团花之间饰有花朵组成的十字宾花，极为华丽，是盛唐时期宝花的典型代表。

袖身中间的浅褐色宝花纹绫，宝花也呈内外三层。最里层为正面开放的重瓣花卉，中间层是带有枝干和叶片的侧视花卉，最外层是八朵盛开的花蕾状花朵，并在花朵下装饰有飞翔的鸟鹊。该类宝花属于景象宝花纹样，也有十字宾花。此外，袖口饰有的宝花纹锦缘图案题材为装饰性很强的蕾式宝花。

图 2-12 锦袖宝花纹绫袍

　　宝花是唐代对花卉团窠的一种称呼，是一种全面集中的组合型植物纹样。花瓣的造型中借鉴了石榴、莲花、牡丹等其他花卉的主要特征。莲花的吉祥、石榴的多子、牡丹的富贵，体现了宝花纹样的崇高博大之美。宝花以其推崇饱满圆润的艺术形象，深受唐人的喜爱。

　　宋代城市经济的繁荣，推动了市民文化的发展。市民文化与士大夫文化相互影响、进而相互融合，形成了兼具世俗化和典雅化的独特风格。丝织品上的纹样造型趋向写实，走下神坛，走进了人们的日常生活。图案取自生活中的四时节物、四季花卉，呈现出一派典雅平正之态。

酱色松竹梅暗花罗

　　自南宋起始，中国文人将松竹梅称为"岁寒三友"，而在南宋也出现了以此为主题的丝织物。图 2-13 中的织物为采用绞经组织的罗，暗花浮动，将一手松叶、三束松针和数朵梅花在同一写生折枝花上，相互穿插（图 2-14）。这种简洁的表现手法正如松竹梅的高洁，是宋代织物中最具文人风格的一种。

图 2-13 酱色松竹梅暗花罗

图 2-14 酱色松竹梅暗花罗纹样

到了明清时期，吉祥图案在服饰中的应用达到极致，甚至到了"有图必有意，有意必吉祥"的地步。对各类动植物或文字用其形，择其义，取其音，组合形成吉祥图案来表现对"福、禄、寿、喜、财"的美好祈望。

红缎地打籽绣瓜瓞绵绵女褂

此件清代汉族妇女上衣以大红素缎为绣地，采用打籽绣技艺绣出"瓜瓞绵绵"主题纹样（图2-15）。瓜瓞绵绵出自《诗经·大雅·绵》："绵绵瓜瓞。民之出生，自土沮漆。"大瓜谓之"瓜"，小瓜谓之"瓞"，寓意人类繁盛如连绵起伏的瓜蔓上的瓜一样，子孙万代，生生不息。

图 2-15　红缎地打籽绣瓜瓞绵绵女褂

绿地灯笼纹妆花缎

丝绸织造到了明清更是迎来了一次大发展，织锦工艺中出现了妆花。这是一种通经断纬的织造技术，它可以使用在各种丝织品上，如缎、绸、罗等。图2-16的妆花缎以绿色素缎为地，杏黄、深蓝等多色彩纬通过妆花挖梭技艺织以婴戏纹、灯笼纹。主体图案是三件造型精美、富丽堂皇的宫灯，"灯笼景"为源于宋代的吉祥图案，又名"天下乐""庆丰年"。四名身着不同颜色服饰的孩童手持宝物，站于花灯间嬉戏玩耍。童子为吉祥图案的人物题材，代表子孙满堂的幸福观。顶部有红色灵芝云纹，花灯间分布有花卉纹

图 2-16　绿地灯笼纹妆花缎

样，底部为红、蓝、米黄等各色如意云头。整件织锦画面丰富、色彩鲜艳，
热闹喜庆。

黑缎地彩绣郭子仪庆寿纹女褂

图 2-17 是一件清代汉族女性的外褂。款式为圆领、对襟，左右开衩。
女褂以黑色素缎为绣底，通过平绣、打粒子绣、盘金绣等技法，栩栩如生地
绣出郭子仪庆寿的隆重场景。褂身正反绣有 32 个人物形象，其中郭子仪夫
妇端坐正中，身旁为一棵仙桃树，七子八婿身着官袍，手持寿礼，跪拜堂
前，为双老庆寿。同时，褂服以白缎地刺绣风景花蝶纹宽边镶饰六边形领
襟、袖缘和下摆，精致典雅。

图 2-17　黑缎地彩绣郭子仪庆寿纹女褂

第三章

文物鉴赏

江西九江荷叶墩万黄氏墓、星子墓出土服饰鉴赏

王淑娟

1990 年，江西省九江文物考古研究所清理发掘了一座古墓，此墓位于当时九江县城门乡张家湖畔荷叶墩，当地百姓称其地曰"金龟朝北斗"。墓冢坐南朝北，紧靠湖堤，20 世纪 70 年代修筑堤坝于墓周取土时发现此墓，到正式发掘时，该墓孤露在外已十余年。墓葬发掘一柏木棺材，外浇石灰，石灰棚上覆盖 528 个青花饭碗，碗内填石灰浆泥，排列倒扣，上下共 8 层，整个覆碗层呈屋顶形，犹如盖瓦。棺内发现一具直身仰式葬女尸，头上无饰物，唯有头巾 2 条。此墓共发现有衣裙袍 63 件，膝裤 1 条，鞋袜各 1 双，丝绵被 2 条，墓志铭盖上刻有"明诰封恭人万黄氏"及"清康熙壬子年万黄氏"等字样。

从墓志铭盖上的相关信息，可知此墓主人万黄氏为明代诰封恭人，其万姓丈夫为正四品，立碑时间为清康熙壬子年（1672 年）。万黄氏随葬的一件紫色龙纹暗花缎头巾上织有"南京局造"的暗花织款，"南京局"为明代著名官营江南三织造之一，到清初时已改名为"江宁织造局"，由此可推断万黄氏墓中的服饰年代极可能为明代晚期，其下葬服饰应为其生前所着。黄绮折枝花卉女单衣正是出土于此批丝绸衣物之中。

黄绮折枝花卉女单衣

该衣单层无衬里，交领右衽，平直袖，宽袖口，腋下两侧开衩（图 3-1）。

单衣主体面料为绮，1/1 平纹地上以四枚斜纹显花（图 3-2）。其纹样为折枝花，横向排列，行间距 29.5 cm，图案经向循环为 34.5 cm，纬向循环为 9.5 cm（图 3-3）。单衣衣领为绮，1/1 平纹地上以四枚斜纹显花，其纹样为折枝花间穿插杂宝纹（图 3-4）。单衣托领为纱罗织物，1/1 平纹地上以二经绞和纬浮显花，其纹样为折枝花间穿插杂宝纹（图 3-5）。

单衣衣长 96 cm，通袖长 196 cm。下摆宽约 80 cm，袖口宽 37.5 cm。外襟及右袖外侧腋下缝缀系带，同样，内襟及左袖腋下内侧缝缀系带，系带宽约 0.7 cm，长约 9~10 cm（图 3-6）。两侧开衩长度为 54 cm，腋下至开

图 3-1　黄绮折枝花卉女单衣

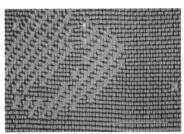

图 3-2　单衣主体面料组织结构

图 3-3　单衣主体面料纹样及复原

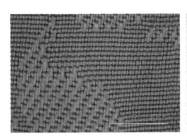

图 3-4　单衣衣领织物组织结构及纹样

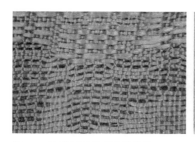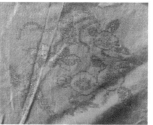

图 3-5 托领织物组织结构及纹样

衩口以缭针将前后身缝合，开衩内侧贴缝宽约 2.8 cm 贴边，下摆折边宽约 2 cm（图 3-7）。内襟领缘下端凸出，领缘所遮盖的襟缘多余面料裁掉（图 3-8）。在单衣内侧肩部缝有托领，左右宽 30 m，前后总长 32 cm。其横向与衣身缝合，两侧纵向边缘未与后背钉缝。两袖各拼接处采用来去缝，单衣袖口折边外翻，宽约 3 mm（图 3-9）。单衣形制图如图 3-10。

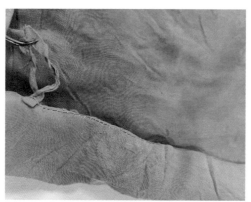

图 3-6 右袖腋下系带 图 3-7 开衩贴边及下摆折边

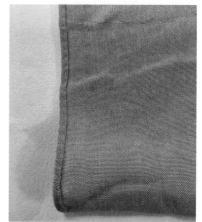

图 3-8 内襟领缘 图 3-9 袖口折边

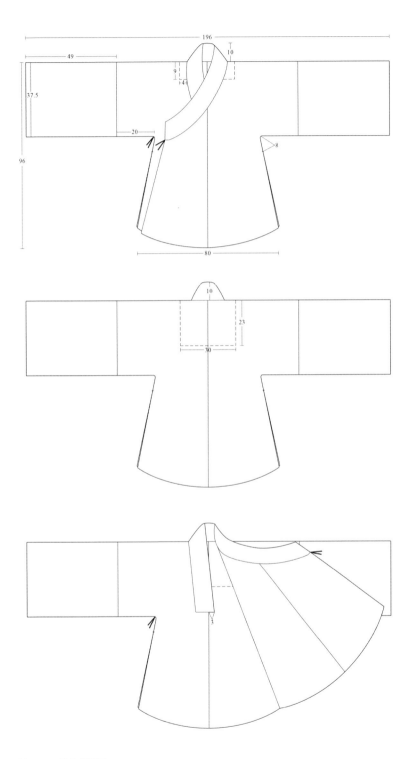

图 3-10 单衣形制图

曲水如意云纹罗裙

　　该罗裙出生于江西省星子县，单层无衬里，分为两片，连属于裙腰，两裙片均有褶裥，裙身轻薄（图3-11）。

　　此裙采用暗花罗织物缝制而成，其组织结构为二经绞地上以1/1平纹显花（图3-12），纹样为曲水如意云纹，以满地的曲水几何纹为骨架，内填如意云纹，寓意绵长不断（图3-13）。

图 3-11　曲水如意云纹罗裙

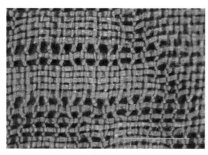

图 3-12　罗裙面料组织结构

图 3-13　罗裙面料纹样及复原图

罗裙总长 80 cm，裙腰高 7 cm，腰长 120 cm，腰两端各缝缀一襻（图
3-14）。左片裙身压于右片之上，每裙片各相向打 4 对纵向褶裥，每褶宽约
3.5 cm（图 3-15）。每块裙片由两幅半织物拼缝而成，每幅宽 56 cm，其中
半幅的面料居中，其毛边的一侧在两裙片中位于同一方向，以卷边缝的方式
拼缝（图 3-16）。罗裙下摆折边宽 2 cm（图 3-17）。根据以上信息绘制罗
裙形制图（图 3-18）。

图 3-14　裙腰两端缀襻

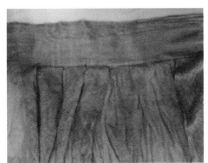

图 3-15　裙身褶裥

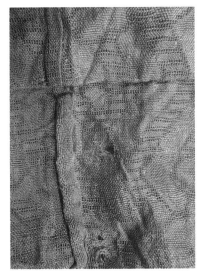

图 3-16　裙片接缝拼缝处

图 3-17　罗裙下摆折边

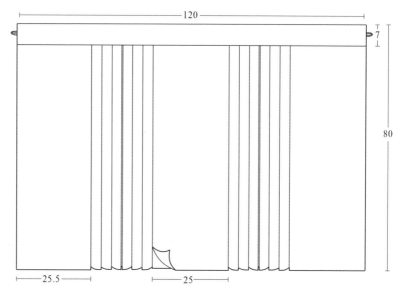

裙宽约3.5cm　　左右裙片均由两幅半面料拼缝而成

图 3-18　罗裙形制图（单位：cm）

参考文献

［1］金琳 . 一物 Vol.11| 黄绮折枝花卉女单衣 & 曲水如意云罗裙［EB/0L］.［2020-03-30］.https://weibo.com/ttarticle/p/show?id=2309404488221483466785.

［2］徐长青，樊昌生 . 南昌明代宁靖王夫人吴氏墓发掘简报［J］. 文物，2003（02）：19-34.

第四章

汉服之夜

故事梗概

　　左都御史胡慎言因党争结束了二十年的宦海生涯，辞官回到自己家乡湖州府德清县，途中接到乡亲邀请过年的来信。在正月十二的德清乡里，胡慎言看到了故乡热闹的集市——乡亲们为马上要到的上元佳节置办灯会，卖鱼郎、卖灯郎，甚至舞龙的队伍……在这个充满年味的集市中，胡慎言忘却了朝政的烦闷，陶醉在故乡的年景里。

图 4-1　龙灯

道具介绍

　　团队根据德清乡里元宵亮灯的习俗，历时两个半月制灯，先后设计并制作了龙灯（图 4-1）、蝴蝶灯（图 4-2）、石榴灯（图 4-3）、奔兔灯、方胜灯、花瓶灯、昙花灯、花草纸灯、玉磬型冰裂纹灯（图 4-4）、鞭炮灯等（图 4-5）传统灯彩。在龙灯上还添加了火珠纹、祥云纹等以示吉庆。

图 4-2　蝴蝶灯

图 4-3　大吉石榴灯

图 4-4　玉磬型冰裂纹灯

图 4-5　各式花灯

人物设计

　　团队参照《上元灯彩图》《皇都积胜图》《明宪宗元宵行乐图》《货郎图》中的市井人物形象，设计了卖鱼郎（图4-6）、卖花灯郎（图4-7、图4-8）、舞龙灯郎（图4-9、图4-10）等市井角色。根据每个人物的职业特点，为卖鱼郎佩戴了刻纸鱼春幡（图4-11左）、制作了正面绘草鱼，背面绘金鱼草纹的小鱼旌旗（图4-11右），并仿照古画给侍女制作了可拎挂式观赏小鱼缸（图4-12）；给卖花灯郎佩戴了时令梅花、瓜瓞绵绵等绒花；给舞龙灯郎佩戴了醒狮绒花，服饰配色上采用了鲜艳的色彩烘托新年的氛围。其余人物服饰及纹样则根据明代装束、吉祥纹样分别设计（图4-13～图4-17），并依照旧时立春佩戴春幡以示迎春之意。根据常州市武进区博物馆馆藏的天下太平幡（图4-18）、明银鎏金幡（图4-19）、太平安乐幡（图4-20）为女性角色设计佩戴春幡、通草花簪（图4-21）等以贺新春（图4-22）。

图4-6　卖鱼郎

图 4-7　卖花灯郎 1

图 4-8　卖花灯郎 2

图 4-9　舞龙灯郎 1

图 4-10　舞龙灯郎 2

图 4-11　小鱼春幡和鱼纹旌旗

图 4-12　拎挂式观赏鱼缸

图 4-13　文官吉庆装束

图 4-14 武官吉庆装束

图 4-15 富贵女眷吉庆装束

图 4-16 麒麟云肩通袖仿妆花织金袍

图 4-17 富贵女眷吉庆装束

图4-18 天下太平幡　　　　图4-19 仿银鎏金幡　　　　图4-20 太平安乐幡

图4-21 通草花簪

图4-22 全员贺新春图

三生上元节

故事梗概

　　《三生上元节》以元宵佳节作为故事背景，呈现三段单元剧。第一集改编自南宋端平二年（1235年）福州茶园山夫妻合葬墓的故事。家中娘子等来了征战沙场丈夫重伤而亡的消息，大受打击后，身体每况愈下，恰逢元宵夜想讨个着白衣走百病的好意头散心，但见月下成双入对的年轻男女们，心中愈加悲痛，最终还是跟着亡夫去了……第二集改编自元末明初小说《剪灯新话》其中一篇《双头牡丹灯记》，少女符丽卿偶识书生乔生，芳心暗许，私定终身，而乔生有报效朝廷之志，辞别符丽卿远赴边疆。第三集改编自明末民族女英雄秦良玉的故事，已经有赫赫战功的女将军得到了皇帝的各种赏赐。与丈夫生活恩爱的她正筹备元宵节家中事宜，却得到了出征的指令。骁勇善战的秦将军义不容辞，携手丈夫马千乘上阵保家卫国！

图 4-23　生紫夹衣影金领抹

服饰介绍

外层版型参考福州茶园山 103 烟色镶金边绉纱上衣（图 4-23、图 4-24）——双层、通领、对襟、直袖，采用绉纱与绢料等制作。缘边面料替换成类似的轻薄烟紫色绉绸，挂里使用粉色真丝绢，镶浅黄真丝纱罗牙子。

此件工艺难点在于领抹，定制花版印胶，再绘绿叶，最后贴以金箔纸（图 4-25），整个过程并不复杂，但却是细活儿，较为耗费时间和心力。锁绣花枝、盘银绣叶脉、打籽花蕊……多种工艺的运用让团队在制作过程中，对古代匠人的巧思惊叹不已。正应宋人书中描述的"一抹一领，费至千钱"。

内搭版型参考茶园山 105 褐色提花镶金边罗上衣（图 4-26、图 4-27）。团队制作时把面料替换成半手工夏布，这里特别感谢夏布国家级非遗传承人宋树牙老师提供的面料，这件粉色夏

图 4-24　生紫影金夹衣上身图

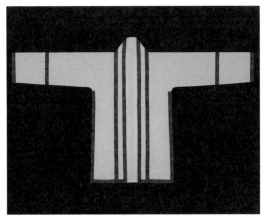

图 4-25　手工销金领抹　　图 4-26　黑金鸾凤海棠粉夏布对襟衫平铺图

图 4-27　黑金鸾凤海棠粉夏布对襟衫上身图

图 4-28 黑金鸾凤海棠粉夏布对襟衫细节图

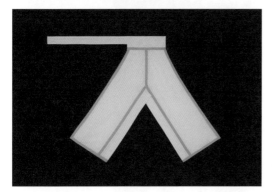

图 4-29 青银鸾凤牙边白合裆裤

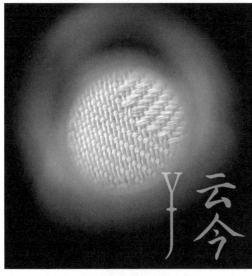

图 4-30 定织杂宝梅花纹织物放大图（100 倍）

布是机器纺白粉二色纱线，老木机手织而成，所以定义为半手工夏布。

这件上衣的亮点在领襟、开衩、下摆、接袖、袖口处有窄的金色牙子装饰（图4-28），图像资料依稀可见锯齿状的凤尾，无独有偶，在南宋黄昇墓出土织物上也装饰有类似牙子。

团队根据两件牙子重新设计绘制，也运用在图 4-29 里的宋裤上，裤身镶满鸾凤牙子。

宋代缎类织物暂未流行，绫与罗成为主角。绮和罗暂不赘述，绫则一般分两类：一类是地纹和花纹呈方向相反的斜纹组织，叫做异向绫；一类是地纹和花纹方向相同但枚数不同，叫同向绫。此次团队用桑蚕丝织造文物同款杂宝梅花纹异向绫（图 4-30）。

宋周氏墓咸淳十年（1274 年）星地折枝花卉纹绫裙地组织为 1/3 左向斜纹，花部组织为 3/1 右向斜纹。在研究博物馆多件关于南宋绫织物的描述后，团队总结推断这类绫的织物结构在当时比较流行。

元宵时节有穿白衣走百病的习俗，从南宋开始流行开来，所以在表演的每一个故事里都有一两位穿着白衣的女子。在《三世上元节》第二集中，《双头牡丹灯记》主人公年代设定为元末明初，在团队的理解中主人翁们虽经历了改朝换代，但衣物风格应相差无几（图 4-31）。

回纹旋风葵织金锦马面裙（图 4-32、图 4-33）纹样参考元末苏州吴张士诚母曹氏墓出土服饰的织锦团花图案，其下葬年代距离明代建立仅相差 3 年，并且衣裙与明初结构基本相同。

图 4-31　明初时期男、女便服形象

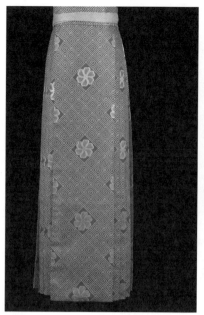

图 4-32　蜀红回纹葵花织锦团花纹马面裙　　　　图 4-33　梅子青回纹葵花织锦团花纹马面裙

旋风葵又叫风卷葵，寓意生机勃勃。延绵不绝的回字纹也代表生生不息，整体都是充满生机和繁荣的好意头。

上衣纹样参考张士诚母曹氏绸裙上的图案，其与无锡钱氏夫妇墓出土织物上的图案十分相似，均有纤细精巧的花鸟缠枝纹样。由此可见类似的纹样在元末明初的太湖流域盛行。

元末明初都十分流行衣上缀"补丁"的元素，或许是与当时提倡节俭的制度和社会风气有关，在士人阶层的画像中都较为常见，图案多为方形、多边形、铜钱等杂宝图案。团队参照图像资料用绣花和补片的工艺去仿制了士人阶层的男女两套服装（图 4-34、图 4-35）。

除此之外，元末明初布料织造的图案也流行如补丁般的几何纹样，如上文提到的回纹葵花织锦团花纹，以及参考元末画像侍女（图 4-36 左）的菱格菊花纹半袖、仿中国丝绸博物馆展出的棋格牡丹纹半袖（图 4-36 右）等。这类纹样一直广泛流行到明末乃至清代。

图 4-34 女子杂宝补丁半袖上身图　　　　图 4-35 男子杂宝补丁半袖上身图

图 4-36 回纹葵花织锦团花纹马面裙上身图

故事梗概

　　寒食第三日，即清明节，街市熙熙攘攘。一名年轻男子正端着温盘走在送餐路上，一路上看到了背着花篓的货郎正推着琳琅满目的货郎车吆喝叫卖，两名卖茶人正在斗茶引得路人围观称赞有趣，好不热闹。一名与家人走失的小女孩，闻着男子温盘飘散出的香味，感到十分亲切。她一路跟着送餐男子，与正因找不到她而忧愁的家人们团聚。一家人其乐融融，共享春宴。

图 4-37　货郎车

　　人世美好，不负春光。清明节兼具自然与人文两大内涵，既是自然节气，也是传统节日。清明不只有扫墓祭奠缅怀故人，也是与亲朋好友相聚赏春的日子。通过普通民众的生活日常，反映宋代文化中"俚趣"的审美特质，这正是团队想呈现给大家的（图 4-37 ~ 图 4-39）。

图 4-38 宋代女子造型

图 4-39 春宴

服饰介绍

宋代风俗画，具有雅俗共赏的艺术风格。其人物所穿着的服饰、人物的举止均是从宋代人民生活中所提炼出的典型形象，高度体现和概括了宋人的生活，这类风俗宋画里的生活美学与宋代的现实生活紧密关联，让更多人可以从中获取亲切之感。

团队想展现的非单一的服饰或细节局部，而是透过古代劳动人民的身影去展现繁华的街景一角（图4-40）。

美，是引人向上的终极力量。宋代经济的发展促使上层士大夫阶层的雅文化与下层工商市民的俗文化形成了交融并济的文化局面。团队希望通过重现市井平民生活，展示各种职业、不同阶层、丰富多彩的宋人生活美学（图4-41）。

宋式美学不一定要以一种很高的姿态出现，它可以存在于市井山村，存在于街头送"外卖"的闲汉身上（图4-42），存在于一位街头卖茶人身上（图4-43），也可以存在于一名吆喝叫卖的货郎身上（图4-44）或是一名乐工身上（图4-45）。

图4-40 宋人常服、便服造型

图 4-41　市井百工

图 4-42　宋代版"外卖小哥"——闲汉

图 4-43　两名卖茶人

图 4-44　正在叫卖的货郎

图 4-45　乐工

货郎车与货郎的造型设计（图4-46）参考了许多宋代的"货郎图"，如货郎车的手推车结构和货郎的服饰穿搭参考来自（传）苏汉臣的《货郎图》（图4-47）。货郎身着半臂衫和交领衫头带六棱幞头，腰间挎着背包和大漆葫芦。

团队还原了一些货郎车上各种玩具、农具、生活用品等符合宋代风格的货物。如参考李嵩《货郎图》（图4-48），写了"旦淄形吼是 莫摇素前程"几个字贴在竹编扇子上（图4-49）。

茶文化在宋代达到了一个巅峰，其中斗茶这样以某种约定俗称的品饮方式对茶之品质优劣评选的集体活动在各个阶层盛行，这在民间也成为了一项娱乐性极高的社交活动（图4-50）。斗茶

图 4-46　琳琅满目的货郎车

图 4-47　（传）苏汉臣《货郎图》

图 4-48　李嵩《货郎图》局部

图 4-49　购得扇子的士人

图 4-50　斗茶

图 4-51　琳琅满目的货郎车

人的形象以及道具（图 4-51）主要参考了（传）苏汉城《斗浆图》（图 4-52）与刘松年的《茗园赌市图》（图 4-53）。

点外卖在宋代叫"索唤"。送餐的人在宋代叫"闲汉"。宋朝孟元老《东京梦华录》记载："市井经纪之家，往往只于市店旋买饮食，不置家蔬……更外卖软羊诸色包子、猪羊荷包、烧肉干脯、玉板鲊豝、鲊片酱之类。"说明宋代人与现在人一样，也会有家里不屯粮食蔬菜，偶尔懒得做饭，直接叫"外卖"送到家里的情况。据周密《武林旧事》、吴自牧《梦粱录》等史料笔记记载，宋朝时期市面的餐馆已经开始流行餐饮外卖，提供"逐时施行索唤"和"咄嗟可办"的叫餐下单服务。串联全片的"外卖小哥"也是参考了《清明上河图》中的形象。

团队还设计了卖花形象的货郎、簪花的路人、插着芍药花的花篮来体

图 4-52　（传）苏汉城《斗浆图》

图 4-53　刘松年《茗园赌市图》

现当下的时令特征与宋人风雅（图 4-54）。节目中的各个造型也从服饰搭配细节上体现出了宋代特征，展示了古代劳动人民的装扮。

关于《春日宴》场景中的士人阶级的服饰，在面料上团队选择了具有宋

图 4-54　身背花篓的货郎

代经典纹样的真丝面料，根据宋代墓葬服饰进行复原。如员外爷身上的圆领袍形制（图4-55）复原的是南宋赵伯澐墓出土的圆领襕袍（图4-56），纹样选用宋代流行的如意山茶纹。夫人头戴山口冠，上着窄袖对襟衫，下着合裆裤与单片裙（图4-57）。其中单片裙参考德安南宋周氏墓出土的星地折枝花绫裙（图4-58）。小女儿造型参考李嵩《货郎图》（图4-59）中的造型梳了三个小发髻（图4-60）。

　　古往今来，劳动者们创造出了无数令人惊叹的发明，在历史长河中推动着社会的发展。在劳动中体现价值、展现风采、感受快乐，团队希望让更多的人通过这样温暖的主题，去认识和了解独属于中国人的美学世界。

图4-55　员外郎造型

图 4-56　南宋赵伯澐墓出土的圆领襕袍

图 4-57　夫人造型

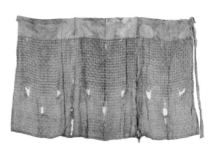

图 4-58　德安南宋周氏墓出土的星地折枝花绫裙

图 4-59　李嵩《货郎图》局部

图 4-60 夫人与女儿

临安故事

展示团队：乔织原创汉服设计

故事梗概

　　临安故事剧情构思来源于目前国内出土最古老的粽子实物——南宋德安周氏墓中的角黍（图4-61）。墓主人的父亲周应合在宋理宗时期任职于临安，负责检阅史籍。南宋末年朝局动荡，周应合因弹劾宰相贾似道失败，举家被贬至江西饶州。随后其女周氏嫁于新太平洲通判吴畴，中年离世后葬于德安。这一次的复原展示，团队以周氏家族的故事为线索，演绎了一段南宋时期的临安故事（图4-62）。

　　情景剧以南宋端午节庆为始，通过周氏姐妹互动介绍端午的由来，展示南宋端午流行的习俗如：悬艾蒲、裹角黍、浴芳兰、配香囊、系百索等。随后通过瑞国公主刁难周氏姐妹（图4-63），讲述了周氏父亲弹劾宰相被贬这一段历史故事。最终周氏妹妹在梦境中与屈原相遇（图4-64），理解了父亲为何坚持对高洁品格的追求，并且选择将屈原的精神生生不息地传递下去。

图4-61　南宋德安周氏墓出土的角黍

图 4-62　临安故事全体演员

图 4-63 情景剧表演（1）

图 4-64 情景剧表演（2）

服饰介绍

参与展示的服装主要参考周氏墓和黄昇墓的出土织物，复原设计了一系列南宋风格印金用于衣身、裙身、领缘、袖口装饰（图 4-65）。由于技术的革新，在宋代印金装饰已经不限于贵族使用，逐步走入平民的衣橱。从出土文物可以看到，这时期人们常用印金装饰衣物的缘边，或者在正身作为点缀，小面积使用。线条精细但花纹复杂，具有内敛而不失华丽的美感。

周氏墓与黄昇墓也出土了很多带有精美提花暗纹的绫、罗、纱。花纹多以缠枝纹、卷草纹为题材，也有一些几何纹样，例如如意纹、柿蒂纹等。团队选择了其中一些制作了面料（图 4-66）。在服装轮廓上，南宋女子抛弃了北宋旧制以宽大为主的款式，流行起了窄袖衫和窄幅长裙，呈现直线型轮廓。衫的袖根和袖身非常紧窄，裙摆垂直（图 4-67）。

此系列女装团队共设计了 9 套造型（图 4-68），均以抹胸、合裆裤作为内衣，上身分别外罩窄袖长衫、窄袖短衫、无袖背心、全缘边褙子。下身外穿百迭裙、两片裙、三裥裙。

* 衣身印金设计参考　　* 衣领袖口印金设计参考　　* 裙子印金设计参考　　* 领缘印金设计参考
德安周氏墓塔子花卉印花纹样　江苏武进出缠枝牡丹花　山西出土牡丹团花纹　黄昇墓地印花彩绘 荷萍茨菇水仙花边

图 4-65　复原印金设计

* 抹胸提花参考　　* 裙身印花设计参考　　* 裙子提花参考　　* 衣身提花参考
德安周氏墓穿枝花鸟纹　福建黄昇墓牡丹花纹　德安周氏墓杂宝花纹　福建黄昇四如意几何纹样

图 4-66　复原花型设计

南宋开始流行窄袖衫、窄幅长裙，呈现直线型轮廓

*德安周氏墓窄袖衫

*德安周氏墓烟色花边窄袖衫

*福建黄昇墓褐紫窄袖衫

*福建黄昇墓合裆裤

*福建黄昇墓紫灰花边褙子

*高淳花山宋墓印花抹胸

*福建黄墓百迭裙

*福建黄昇墓仅合围百迭裙

*福建黄昇墓两片裙

*《中兴瑞应图》中南宋女子形象

图4-67　南宋时期女子服饰特征

图4-68　临安故事女子造型

　　周氏姐姐的穿着参考南宋《歌乐图》设计（图4-69）。外穿及地的窄袖长褙子，内搭花鸟纹真丝提花绫抹胸，米白色合裆裤。裤外罩穿小摆百迭裙。衣身的花纹采用塔子花烫金装饰，领口为球路纹刺绣（图4-70）。为了迎合端午氛围团队还特别制作了绿色版本。

图4-69　《歌乐图》（局部）

图 4-70　周氏姐姐

　　妹妹着装层次较多，贴身穿抹胸和合裆裤作为打底，中间层穿柿蒂纹窄袖衫和杂宝花纹两片裙，外罩无袖背心和百迭裙。背心领口绣黄昇墓葵荷花纹，百迭裙印黄昇墓牡丹花纹，腰围仅略大于人体腰围，走动时裙门翻飞，自然露出内层两片裙花色（图 4-71）。

图 4-71　妹妹多层次着装

红衣侍女和白衣侍女形象源自钱选《招凉侍女图》（图4-72），身穿中长窄袖衫，衣摆大约到膝盖位置。衣领和袖口印金，花纹源自黄昇墓荷萍茨菇水仙花边，边缘用金丝布料装饰，衣摆内侧做异色贴边。红衣侍女下身穿着绿金色两片裙，白衣侍女穿着黄色三裥裙（图4-73）。

绿衣侍女和瑞国公主的着装，以多层次的全缘边作为主要装饰，绿衣侍女袖口、下摆、侧面开衩、领缘均装饰有黄昇墓荷花印金花边，领口是双层缘边装饰（图4-74）。瑞国公主上穿宽袖口缘边长褙子，衣身和袖口均有双层缘边，宽边装饰牡丹花纹印金，窄边点缀缠枝纹绣花；下穿提花纱百迭裙，装饰牡丹团花纹印金（图4-75）。

屈原服装为湖北江陵马山楚墓N15号袍服等比例制作（图4-76）。衣身长达2米，通袖约3.6米。衣襟和下摆包裹异色缘边。领口和袖口复原了马山楚墓的舞人动物锦纹样，制作了金色和蓝绿色的双色织锦。头冠参考长沙楚墓帛画《御龙图》形态制作（图4-77）。高冠入云，长袍曳地，古朴而神秘，是对这位浪漫主义诗人形象的一次完美诠释。

图4-72 《招凉侍女图》

图 4-73　白衣侍女和红衣侍女

图 4-74　绿衣侍女

图 4-75　瑞国公主

图 4-76　屈原

图 4-77　《御龙图》

展示团队：花朝记汉服

故事梗概

　　七夕佳节这一天，有两位少女分别在为即将到来的夜晚乞巧做准备。其中一位少女希月在上山采药时遭遇了悍匪袭击。好不容易躲开悍匪的希月，虎口逃生，而自己的村庄却经历了一场劫掠……

　　时过境迁，当年孤苦伶仃的少女希月，已经成长为可以庇护他人的女将，也有了自己的女儿。母女二人回到家中同过七夕，美满温馨。恍惚中，希月仿佛听见好友小菊的呼唤，要与她一起完成了七夕乞巧的约定。

服饰介绍

　　此次"汉服之夜"，团队共展示六套宋制汉服。由于七夕故事背景设定在两宋之际，所以在服饰制作时参考了数件宋墓出土文物，同时根据角色性格与故事场景进行一一对应。为了呼应"佳节有时"主题，故事中还原了许多参考自《东京梦华录》的七夕节令物件，如谷板、雕花瓜、双头莲、磨喝乐等风物。女子在夜晚拜织女星、穿针乞巧等活动，也是七夕节的特色风俗。

　　故事开始出场的希月和小菊，身份都是村落中的农家女儿，因此故事开始时服装也倾向于采用方便活动的款式。团队参考了安徽南陵铁拐宋墓出土的文物（图4-78）的形制搭配。直领对襟上衣袖根宽而袖口窄，形似机翼，俗称为飞机袖，内搭一片式宋抹与齐腰百迭裙，上身整体效果显得利落便捷（图4-79、图4-80）。

图 4-78　南陵铁拐宋墓出土窄袖直领对襟衫

图 4-79　团队作品"画屏"（1）

图 4-80　团队作品"画屏"（2）

希月一开始在院中制作七夕特色物品"谷板",即在小木板上铺上泥土,随即种上粟,使之长出幼苗,又在小木板上置放小茅屋和各种花木,再制作农家小人物,做成村落的样子。而小菊给希月送来一袋瓜(图4-81),对应了另一个宋代七夕风俗——在瓜上雕刻各种花样,俗称"雕花瓜"。希月母亲给女儿采来尚未完全绽放的荷花,是为了制作"双头莲"(图4-82),而最让希月惊喜的礼物,便是宋时七夕最流行的泥塑小人"磨喝乐"(此道具为团队在惠山泥人大阿福基础上手绘涂色自制,图4-83)。

图4-81 故事剧照(1)

图4-82 七夕风物双头莲

据《东京梦华录》记载："七月七夕，潘楼街东宋门外瓦子、州西梁门外瓦子、北门外、南朱雀门外街及马行街内，皆卖磨喝乐。乃小塑土偶耳，悉以雕木彩装栏座，或用红纱碧笼，或饰以金珠牙翠，有一对直数千者。"泥塑小人磨喝乐在七夕节这一天，不仅售卖的店家极多，款式也繁多，可谓是宋代七夕的一件时尚单品了。"又小儿须买新荷叶执之，盖劝鄄磨喝乐。"娃娃们还喜欢买新鲜的荷叶拿在手里，模仿泥塑小人的动作。

在《期·夕》故事中，磨喝乐就是虎口逃生的希月回到被劫掠的家中时唯一发现的物品，因此磨喝乐也成了她最珍贵的宝贝（图4-84）。

希月的女儿三娘设定是活泼好动的习武女子，因此选择了短外套貉袖搭配对襟衫百迭裙（图4-85、图4-86），更显俏皮可爱。母女二人在七夕夜晚乞巧时都换上了新衣，三娘身穿圆领袍搭配抱腰（图4-87、图4-88），这一形制在宋代画作中时常出现（图4-89），而希月穿着前短后长大袖衫，搭配百迭裙（图4-90、图4-91），这一款式参考了花山墓出土文物大袖衫（图4-92）。

图4-83　七夕风物磨喝乐

图4-84　故事剧照（2）

图4-85　故事剧照（3）

图4-86　团队作品"星桥"

图 4-87　故事剧照（4）

图 4-88　团队作品"迢迢"

图 4-89　《宋仁宗后坐像》、《宫女图》（局部）、《韩熙载夜宴图》

图 4-90　故事剧照（5）

图 4-91　团队作品"鹊桥仙"

图 4-92　花山宋墓出土前短后长大袖衫

　　最后的乞巧幻境中，希月仿佛看到了小菊与当年的好友，她们一起拜星乞巧，完成了当初的约定（图 4-93）。在这场景中，希月所穿的直领对襟长衫（图 4-94、图 4-95）参考自铁拐宋墓对襟长衫（图 4-96），小菊所穿的全缘边刺绣对襟衫（图 4-97、图 4-98）参考自南宋黄昇墓直领对襟长衫（图 4-99），百迭裙和宋抹则参考自南京花山墓文物（图 4-100、图4-101）。曾经未得圆满的七夕，终于在此刻归于美好。

　　以传统服饰传递温情，诉一段大宋往事。这则七夕故事，在表达个人成长与亲情友情之外，也通过展示服饰与重现七夕习俗，温习传统美学。

　　花朝月夕，愿常相见。

图 4-93　故事剧照（6）

图 4-94　故事剧照（7）

图 4-95　团队作品"纤云"

图 4-96 北宋南陵铁拐墓出土宽袖直领对襟长衫

图 4-97 故事剧照（8）

图 4-98 团队作品"轻罗"

图 4-99 南宋黄昇墓出土直领对襟长衫

图 4-100 花山宋墓出土百褶纱裙

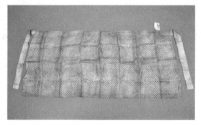

图 4-101 花山宋墓出土抹胸

第六节
一年景——四时风物与宋人的浪漫

故事梗概

　　南宋中期的临安府，殷实的陈宅正在准备中秋宴。小娘子华宁尚未出阁，她不喜欢枯燥乏味的闺阁生活，喜欢像锦娘子一样，有一家自己的铺子做些营生。锦娘子一月在临安府开了一家销金铺子，专卖销金面料，因独特的风格备受喜爱。而华宁的阻力来源于母亲德仪，德仪古板严肃，对华宁颇为严厉，在中秋当天争吵后，在德仪女使与锦娘的双重讲述下，华宁得知原来年轻时的母亲也像自己一样，与锦娘交好，且一起研究新的纹样，想开个商铺，只不过在现实和周围环境的打击下，她选择了认命，嫁入陈宅，封锁起了自己热爱的事物。晚上拜月时，母女二人终是理解了对方，对月许下了愿望：一愿，许我舒卷如云得自由；二愿，许我从心所欲不逾矩；三愿，许我自歌自舞自开怀（图 4-102）。

图 4-102　剧照

服饰介绍

若说中国传统审美的高峰，大多数人都会想到宋代，诚如陈寅恪先生所言："华夏民族之文化，历数千载之演进，造极于赵宋之世。"服饰是时人审美意趣的载体，通过对宋代纹饰的了解，也可得见宋人的精神世界。

此次"汉服之夜"中的三位主要角色，也对应了三种不同的人生状态：华宁是年少时无畏无惧的勇士，对自己喜爱的事物抱有极大热情且不问前路；德仪内心有屈服于世俗的遗憾，在理想与现实中选择了稳定；锦娘坚定且坚持，完成了自洽。团队希望通过这些人物让观众找到共鸣点，并能在历史中找到与现实的联结——每个时代的人都会面临人生的选择，都有自己的困境。

两宋服饰的装饰区域集中在领抹及缘襈，在高度发展的社会经济下，领抹也成为了流通商品备受人们喜爱。

北宋孟元老的《东京梦华录》中就有领抹作为商品被售卖的记录："汴梁相国寺两廊，皆诸寺师姑卖绣作、领抹、花朵、珠翠头面，生色销金花样、幞头、帽子、特髻、冠子、绦线之类。"南宋耐得翁所著《都城纪胜》也说："市井……大抵都下万物所聚，如官巷之花行，所聚花朵、冠梳、钗环、领抹，极其工巧，古所无也。"吴自牧在《梦粱录》中所言："街坊以食物、动使、冠梳、领抹、缎匹、花朵、玩具等物沿门歌叫关扑。"

在出土文物里，领抹更是以多种形式出现。有印绘在织物上的领抹布匹还未裁剪下来的样子（图4-103），有已经裁剪下的领抹条（图4-104），当然最多的还是领抹缝在衣物上完整的样子（图4-105）。

图4-103 南宋黄昇墓出土织物

图4-104 南宋茶园山墓出土花边（推测为领抹）

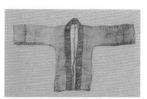

图4-105 南宋茶园山墓出土文物（《福州文物集萃》，福建人民出版社）

服饰的主题上，团队选择了南宋最具代表性的纹样——一年景。关于一年景最早的记载见于陆游的《老学庵笔记》："北宋靖康初年，京师织帛及妇人首饰衣服，皆备四时。如节物则春幡、灯球、竞渡、艾虎、云月之类，花则桃、杏、荷花、菊花、梅花皆并为一景，谓之一年景。"这种将一年四时节令物、花卉集成一景的纹饰自北宋末年开始流行，成为了南宋纹饰的代表。

在福州黄昇墓、福州茶园山墓等墓葬出土的织物中，可以看出一年景的运用已成绝对的主流（图4-106、图4-107）。目前出土文物上一年景大多为鲜花一年景，而节令物一年景较少，目前在德安周氏墓的织物暗纹中隐隐可见春幡（图4-108），此外，常州芳茂山宋墓的衣物中可见云月（图4-109）。

剧中，三位主角的服装也根据角色的特点，做了不同方式的一年景呈现。在此详细讲解锦娘这一角色的服饰。

全套的穿着层次为"抹胸—衫子—百迭裙—两片裙—褙子"（图4-110）。

图4-106　南宋黄昇墓出土文物

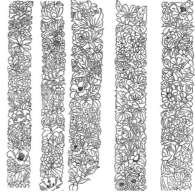

图4-107　南宋黄昇墓出土文物纹样线稿

图4-108　南宋德安周氏墓出土文物纹样线稿

图4-109　常州芳茂山宋墓出土织物

图 4-110　团队作品"云蒸霞蔚"

百迭裙采取印银工艺，宋代服饰对金银工艺的使用极为常见，如绣金、销金等。裙身纹饰散点排布，这种排布方式在文物中也频繁出现（图4-111、图4-112）。

两片裙绣有折枝花，沈从文先生在《中国古代服饰研究》中提到："生色折枝花的时尚，开始突破了唐代对称图案的呆板。""生色花"即写生类折枝花，宋代的工笔花鸟画追求诗意，时常写生（图4-113）。生色花的出现也被部分学者认为是一年景之滥觞。此次团队选用白色纱质面料，在其上绣折枝花，以期达到宋代工笔花鸟画的效果（图4-114）。

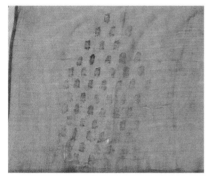

图4-111　茶园山南宋墓葬出土文物

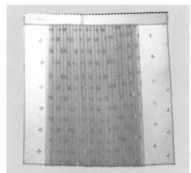

图4-112　百迭裙悬挂图

图4-113　南宋杨婕妤百花图卷（局部）

图4-114　两片裙悬挂图

白色褙子的领抹以印金云凤纹铺地（图 4-115），纹样参考茶园山墓出土文物（图 4-116），凤鸟自由穿梭于云霞中，而山茶、翠竹与梅花都是清冷的花卉，却也兀自有着各自的鲜妍（图 4-117）。

　　节令和民俗是传统文化的重要组成部分，也是我们近距离感悟传统文化的方式。那些大家习以为常的习俗，比如元宵看灯会、端午挂艾叶、中秋赏明月、冬至吃饺子，都是中国文化未曾断代的证明。四时之物集于一身，宋人之浪漫，今人也可共赏。

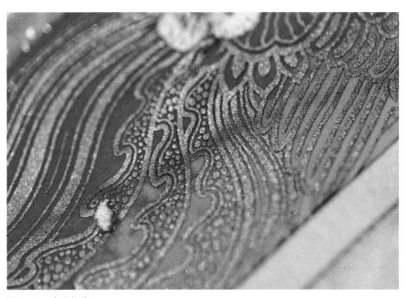

图 4-115　印金细节

图 4-116　南宋茶园山墓花边　图 4-117　褙子悬挂图
（推测为霞帔）

明代佳节应景服饰——从正月到冬至

撰稿：陈诗宇（扬眉剑舞）

　　中国数千年来发达的织物织造技术，逐渐形成了从极轻薄的葛、纱、罗类织物到厚重的锦、绒、皮类织物等复杂的品种，为适应不同的季节气候提供了丰富的面料。而各种各样的印染、刺绣、织造工艺，也为服装上图案的繁盛创造了条件，使得在衣着中表达各种吉祥寓意的需求得到极大满足，不管是暗纹织物，还是刺绣、织锦等彩色织物，都形成了"图必有意，意必吉祥"的局面，还可以随季节、节令更换相应的应景图案题材（图 4-118）。

　　明代上至宫廷贵族下至百姓都十分重视节序转换，宫廷有按岁时转换改变服饰纹样的习俗，民间节日期间也崇尚盛服贺岁、鲜衣亮行（图 4-119）。从正月、元宵，到冬至，不同的时节换上相对应的应景纹样服装，"遇圣节则有寿服，元宵则有灯服，端阳则有五毒吉服"。从年前腊月二十四祭灶之后，便要换上装饰有大吉葫芦景补子的衣服或者有葫芦主题元素的蟒衣；正

图 4-118　现场解读新年、元宵、清明、端午、冬至等节令服饰

图 4-119 扬眉剑舞讲解明代应景服饰

月十五灯节，衣服上的纹样也换成灯彩主题，庆贺元宵；五月初一到十三日，则穿五毒艾虎图案的衣服，有驱邪避害之意；七月初七七夕节，则是牛郎织女鹊桥主题纹样；八月十五中秋节，衣服纹样加入玉兔、圆月元素；九月初九重阳节，在登高、赏菊的同时，穿菊花重阳景衣服；冬至意味着阳气逐渐生发，此时则换上口吐上升瑞气的羊，或绵羊太子纹样衣服，象征"阳生"。

史玄《旧京遗事》载："都中妇人尚绚服之饰，如元旦、端午，各有纱纻新衣，以夸其令节。丽者如绣文然，不为经岁之计，罗裙绣带，任其碧草朱藤狼藉而已。每遇元夕之日、中秋之辰，男女各抱其绮衣，质之子钱之室，例岁满没其衣，则明年之元旦、端午，又服新也。"

当时每年都要裁制、购买新的节令服，节后典当出去，次年又置新衣。中国人对服饰纹样意涵的追求简直到了登峰造极的地步。

正月

正月元旦期间各种礼仪活动丰富频
繁，是高级礼仪庆典和娱乐活动最扎
堆的日子。从除夕开始，朝廷要紧锣
密鼓地准备进行朝会仪式中最高级
别的元正大朝会，包括在宫廷正殿
举行的元日朝贺，以及之后的大宴
会；各处拈香和一些重要的祭祀活
动也会在新年期间进行；除此之外，
还有大量的听戏、赏灯等玩乐活动。
所以需要用到的礼仪、节庆服装几乎
也是一年中种类最多、等级最高的，各
种高级服装难得能轮番登场亮相。除了轻松
的便服、吉服，各种平时用不到的隆重祭服、朝
服都会被搬出来穿用。如元日大朝会时，皇帝更

图 4-120　刺绣江山万代龙纹葫芦景圆补

换好十二旒冕、十二章衮服，官员身着隆重的朝
服，进行元日大朝百官朝拜庆贺仪式，是大礼服难得一见的重要日子。

礼仪之外，还有一些应节应景纹样，被用在常服、吉服、首饰上，琳琅
满目。最典型的是"葫芦景"，明刘若愚《酌中志》记载："正月初一日正旦
节。自年前腊月廿四日祭灶之后，宫眷内臣，即穿葫芦景补子及蟒衣。"葫
芦谐音"福禄"，"大吉葫芦"是新年期间充满吉祥祝福的图案，在传世明代
刺绣补子中也很常见（图 4-120、图 4-121）。

图 4-121　葫芦景仕女衣料

元宵

元宵节期间,则可以使用"灯景"类装饰,《酌中志》载:"十五日曰
'上元',亦曰'元宵',内臣宫眷皆穿灯景补子蟒衣。灯市至十六更盛,天
下繁华,咸萃于此。勋戚内眷,登楼玩看,了不畏人。"元宵前后三日的吉
服特别以灯景、"五谷丰登"为饰,如《苏州织造局志》记载的"三润色满
装灯景袍",乾隆二十一年(1756年)《穿戴档》也记录"正月十四日起拴
五谷丰登荷包三天",属于自宋明以来的吉服应景装饰传统。明代灯景补子
有多种样式,有单独的宫灯组合,也有仕女宫灯图样,甚至还有各种升龙、
双龙宫灯补子(图4-122)。

图4-122 元宵双龙灯景补子

清明

　　清明节除了祭扫之外，同时也是郊外踏青的时节，此时可以进行一些户外活动、游戏，荡秋千便是其中一项重要的活动，所以清明又可以称为"秋千节"，服装图案也会使用秋千纹。《酌中志》载："三月初四日，宫眷内臣换穿罗衣。清明，则'秋千节'也，带杨枝于鬓。坤宁宫后及各宫，皆安秋千一架。"故宫博物院收藏一件洒线绣绿地五彩

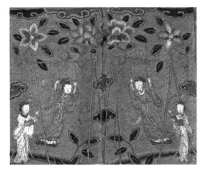

图 4-123　绿地刺绣仕女秋千纹经皮

仕女秋千纹经皮，两位仕女在秋千架上荡秋千，应即明代宫廷所用清明秋千补子（图 4-123）。此外还有龙纹秋千补传世实例（图 4-124）。

图 4-124　刺绣龙纹秋千补子

端午

端午的夏季衣料上，各种应景纹样更加丰富。最主要题材是艾虎、五毒，此外还有天师、金鸡和五瑞、龙舟等系列图案，被用在各种衣物、首饰、配饰上（图4-125、图4-126）。五月气温上升，暑热毒虫滋生，易染病害，此时使用五毒纹样加以祛瘟，驱邪避害，"官家或绘之宫扇，或织之袍缎，午日服用之，以辟瘟气"。五毒指蛇、蝎、壁虎、蜈蚣、蟾蜍，通常还配合老虎、艾草等象征可灭除毒虫的纹样，并称为"艾虎五毒"。穿艾虎纹样纱衣的习俗自宋代起便十分常见，艾虎纱也是宫廷端午赐物之一，宋吴自牧《梦粱录》卷三记曰："五日重午节……御书葵榴画扇、艾虎纱匹段，分赐诸阁分、宰执、亲王。"山东曲阜孔府传世一件明代衍圣公的白色暗花纱单衣，其上织有五毒和石榴、艾草、菖蒲纹，便是一件难得的端午纱衣实物。

明代流行使用妆花、织锦、刺绣织造五彩艾虎五毒纹样，制成更加华丽的端午吉服，即万历南京御史孟一脉在上疏中提及的"端阳则有五毒吉服"。不仅宫廷使用，还被大量用于赏赐，极其费工奢华。明成化十九年（1483年），内监官太监王敬威逼苏州机户"织彩妆五毒大红纱"，当时一次织造的数量为"五百一十二匹"，可见端午服使用数量之巨大。明末刘若愚《酌中志》记载有"五月初一日起，至十三日止，宫眷内臣穿五毒艾虎补子蟒衣"，"逆贤又创造满身金虎、金兔之纱"等。

明代的艾虎五毒衣大体可分为两类，一类由满身艾虎五毒衣料即"满身金虎之纱"制成，例如故宫博物院收藏的一件红地奔虎五毒纹妆花纱，单位纹样为老虎口衔艾草，五毒环绕四周逃散。另一类只在胸背或通袖、膝襕上局部装饰五彩艾虎五毒纹样，例如北京昌平万历定陵出土的一件红暗花罗绣艾虎五毒方补方领女夹衣，胸补绣二虎相对，背补绣一回首卧虎，四周下绣山石、花卉、艾叶、菖蒲和五毒纹，为孝靖皇后遗物，是难得的一件端午衣实物。

图4-125　罗绣艾虎五毒纹方补　　图4-126　五毒纹亮地纱

七夕

七月初七日七夕节，民间有乞巧、坐看牵牛织女星的风俗，相传每年此日，牛郎织女会于天上的鹊桥相会。所以七夕的应景服饰也以牛郎星、织女星、鹊桥为题（图4-127）。《酌中志》载："七夕节，宫眷穿鹊桥补子。宫中设乞巧山子，兵仗局伺候乞巧针。"在传世明代补子中，有织绣出牛郎、织女分立鹊桥两端的画面。还有双龙立于鹊桥两侧，其上分别描绘出二星宿的例子（图4-128）。

图4-127　七夕鹊桥补袄裙

中秋

八月十五中秋节，月圆人团圆，阖家团聚、赏月、拜月，各种节俗也围绕圆月展开。所以中秋期间的服饰，便重点选择了象征月亮的"玉兔"作为核心装饰题材（图4-129）。《酌中志》中有提到"宫眷穿玉兔补子。"玉兔纹的方补、圆补有大量传世，也常与蟒龙纹结合（图4-130、图4-131）。北京昌平十三陵定陵层出土一件织金缠枝莲妆花纱绣玉兔万寿方补方领女夹衣，上有玉兔、万寿图案，万历皇帝生于嘉靖四十二年（1563年）八月十七日，在中秋节前后，这件玉兔万寿女衣应该就是中秋期间为皇帝祝寿所用的节令服。

图4-128　刺绣鹊桥相会补

图4-129　中秋玉兔补袄裙

图4-130　兔纹补子

图4-131　刺绣龙纹玉兔拜月补

图4-132 重阳龙穿菊花补袄裙

图4-133 刺绣龙纹菊花方补

图4-134 黄缎地绣阳生纹膝袜

重阳

重阳是登高赏菊的日子。重阳期间的服饰也常以菊花为装饰主题（图4-132）。《酌中志》载："九月，御前进安菊花。自初一日起，吃花糕。宫眷内臣自初四日，换穿罗重阳景菊花补子蟒衣。"提及"重阳景菊花补子蟒衣"，在传世文物中也可以看到若干蟒龙纹补子，周围环绕菊花纹，应即重阳期间所用（图4-133）。

冬至

冬至日是"阳气回升"之日，所以冬至也叫阳生。用羊或羊吐气的图案，代表"阳生"的意思，是冬至服饰的一种重要纹样题材（图4-134）。明刘若愚《酌中志》提到"冬至节，宫眷内臣，皆穿阳生补子蟒衣""自正旦灯景以至冬至阳生，万寿圣节，各有应景蟒纱"，说明阳生纹不仅可以单独使用，宫廷中还可以搭配龙蟒、鸾凤主题纹样构成华丽的吉服。

此外，阳生纹还衍生出一种"绵羊太子"图，又称"绵羊引子"（图4-135）。少年头戴胡帽，肩扛梅枝挂鹊笼，骑羊或者驱赶群羊，背景则是松竹梅等冬季植物，有鲜明的冬至吉祥意义，也称"九阳消寒图"。"冬至节……室中多画绵羊引子画贴。"这是明清宫中很盛行的冬至、冬日应景画，在两岸故宫都多有遗存。明杂剧《庆丰年五鬼闹钟馗》中有对"绵羊太子"装扮的详细描述，"狐帽、膝襕曳撒、比甲、闹妆茄带、梅枝鹊笼"，和现存的实物图像对照，打扮完全一致。绵羊引子、梅花同时也被作为冬至衣料、首饰图案。《酌中志》中《正文卷十九内臣佩服纪略》载："铎针……冬至则阳生、绵羊引子、梅花"，"此所谓铎针者，单一枚，有鋬，居官帽中央者是也。"传世妆花缎中多有绵羊引子图案，出土首饰中也可见实例。

冬去春来，从正月的大吉葫芦到冬至的绵羊太子，中国人也把对一年的美好祝福，寄托在了应景纹样和节令服饰之中。

图4-135 绵羊太子纹织锦

第五章

银瀚论道

故宫倦勤斋的竹木修复

何红兵

2002 年 3 月，国务院决定启动故宫博物院自辛亥革命以来的首次全面大修。2004 年在修复乾隆的御书房倦勤斋（图 5-1）时碰到了难题：倦勤斋里大量的竹簧、竹丝工艺因太过复杂，一时找不到合适的人选。故宫博物院遂决定全国招聘会这两种工艺的民间艺人。笔者的父亲经层层选拔，最终以满分的成绩得到了倦勤斋修复的入场券。笔者从一开始就跟随父亲进行修复，从考察、制订修复方案以及修复合同、维修记录等都是全程参与。除了倦勤斋，笔者与父亲后续还修复了符望阁、矩亭、乾隆花园的宝座（图5-2）以及屏风等，总共去了 8 次。2023 年又开始修复延趣楼。

图 5-1　倦勤斋

倦勤斋是故宫宁寿宫花园（即乾隆花园）最北端的建筑。坐北朝南卷棚硬山顶，其面阔9间，由东5间明殿和西4间戏院两部分组成，分上下两层，外表极不显眼，但其内檐装饰号称是故宫最精细、最豪华的。因其是乾隆晚年为自己准备退位后享用，可以说集各种工艺之大成，形成一种材料名贵加精致工艺的结合体，里面的每件作品都价值连城。进门大厅的一圈裙板是一幅用竹簧雕刻镶嵌于紫檀斗攒万字纹的百鹿图。其中的竹簧是修复的重点之一，要求把竹簧制作成像纸片一样薄，并且雕刻成各种层次的山水、动物等，图案难度极大。由于竹簧和木雕年代久远，大量起

图 5-2　乾隆花园宝座

翘松动甚至大片脱落。修复时，不但要按原来风格画出图纸，还要雕刻、上色。由于其部位位置很低，在维修时需要铺上草席趴在地上才能修复。

倦勤斋内乾隆对竹子的偏爱，还体现在戏台。戏台周围一圈的围栏用香妃竹斗攒花格制作而成，呼应临窗一面用金丝楠木雕刻而成一排一人多高的透空花格墙。这种设计既分割了空间，又不显得压抑，极具江南特色。透空花格墙为什么选用金丝楠木而非竹子呢？主要是因为竹子在北方容易开裂，会影响效果。在棚顶及另一面墙上，是一幅巨大的通景画，是郎世宁的徒弟王幼学用写实的手法绘就的一幅故宫最大的通景画。棚顶透过竹架、紫藤，可以看到蓝天。另一面墙上则是绘画的竹花格以及这处的宫殿、远山等。

倦勤斋内大量运用了竹丝镶嵌工艺，在门框、床沿板、窗花、裙板上与织绣、绘画、嵌玉等工艺跨界融合。这里运用的竹丝并不是扁丝，而是用圆丝，分别镶嵌出卍字纹、回纹、龟甲纹等，或制作为底板装饰平板上，表现方式灵活多变，色彩稳重大方，工艺繁杂但和谐统一，令人叹为观止。当年笔者尝试竹木跨界融合时，业内曾有人质疑笔者的作品到底是竹编还是木雕，笔者自己也很困惑。自笔者参与修复倦勤斋后，感叹多年以前的故宫早已是跨界融合的先行者。所以笔者在日后大胆地进行了多材质、多工艺跨界融合，形成了自己的特色和风格。

中国传统纱罗织物的创新发展——以苏罗为例

朱立群

中国是世界丝绸文明的发源地。太湖流域，山川秀丽，人文荟萃，迄今发现的众多遗址表明，早在六千年前，先民们就已经在这块土地上繁衍生息，栽桑养蚕，缫丝织绸，创造了早期的丝绸文明，孕育了丰富的丝绸文化。

纱罗生产工艺具有悠久的历史，其源头可追溯至原始的网罟技术。《说文解字》讲道："罗，以丝罟鸟也，从网从维"，这就是纱罗的雏形。

中国古代的绞经织物一般都称为"罗"，它与五千年中华文明同存共荣，是中国古代纺织史上高水平织物的代表。随着社会文化和技术的变迁，形成了多样化的发展路径。纱罗的织造技艺是人类宝贵的非物质文化遗产。

纱罗织物工艺概述

纱罗是中国古代应用比较广泛的代表性丝织品。历朝历代纱罗织品种类丰富，结构多变，其特殊的绞经结构作为古代纺织技艺高水平织物的代表，是我们创新发展的基础。绞经织物的历史呈现出由简至繁，又由繁至简的循环变化，其演变的本质是满足社会需求的不断发展。

纱罗组织的分类

目前学术界将古代纱罗织物按组织结构分为有固定绞组和无固定绞组两大类，古代纱罗的品种结构体系已有学者进行了详细的分类（图5-3）。

1. 有固定绞组。固定绞组的纱罗，绞经与地经有着固定的对应关系，与纬线交织时绞经总是围绕着相同的地经进行或左或右扭转。通常情况下可在有梭织机上完成。特殊产品例外，如通梭的织金罗，指织金箔，非通梭的妆花罗。

2. 无固定绞组。无固定绞组的纱罗，绞组之间交叉打乱，形成链式状，即链式罗，必须通过老式木织机手工操作完成织造。

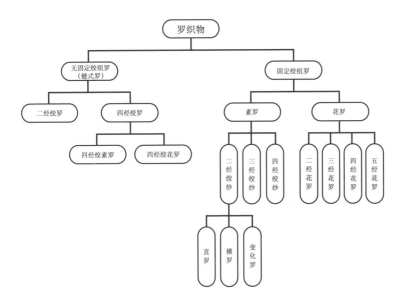

图 5-3　纱罗组织分类

现行纱罗织物形态的基本分类（图 5-4）

1. 直罗：经向（纵向）构成一行绞孔，各行绞孔组成等距或不等距的直条状的织物。

2. 横罗：纬向（横向）构成一行绞孔，各行绞孔组成等距或不等距的横条状的织物。

3. 变化罗（多臂机小提花织物）：利用绞组中绞经与地经不同排比进行结合，采用纱罗组织结构根据简单几何图形发生形态变化而成的织物。

4. 花罗（提花罗）：利用一个绞组中的绞经与地经（一根或多根地经）交织形成花纹绞孔，同时与其花组织（平纹、斜纹、缎纹等联合组织）联合交织，在表面形成花式绞孔和联合其他组织的花纹图案的织物。

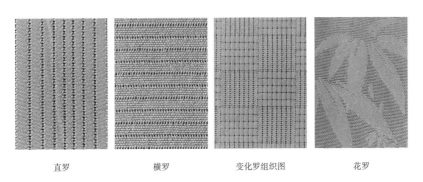

直罗　　　　　　横罗　　　　　　变化罗组织图　　　　　花罗

图 5-4　现行罗织物形态的基本分类

现行提花纱罗织物的主要结构及特性

1.二经绞织物（图5-5）。二经绞织物用途比较广泛，配置不同经纬线密度、捻度组合，采用不同的上机条件，组织结构变化，均可使织物获得各种不同的外观效果，运用重经或重纬组织结构可获得丰富多彩的图案表现，而单层罗织物花色图案层次相对简单。二经绞织物主要用于服装、围巾、香云纱（晒莨）面料等。

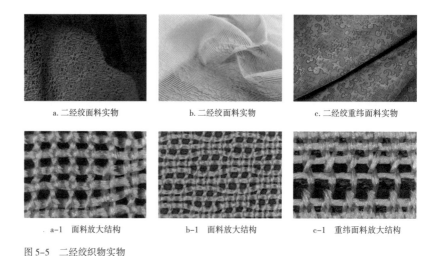

a. 二经绞面料实物　　　　　b. 二经绞面料实物　　　　　c. 二经绞重纬面料实物

a-1　面料放大结构　　　　b-1　面料放大结构　　　　c-1　重纬面料放大结构

图 5-5　二经绞织物实物

2.三经绞织物（图5-6）。三经绞织物绞孔结构清晰明了，织物风格的表现力突出，造型优美。经纬线配上不同的捻度或者用上传统的半脱胶工艺方法织造，可使面料质地更加丰满柔软，垂顺飘逸，不容易起皱。主要用于汉服、旗袍、时装等。

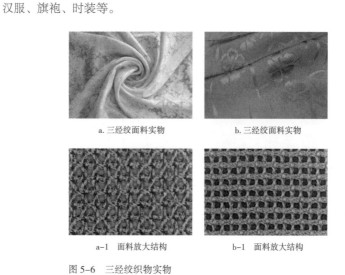

a. 三经绞面料实物　　　　　　　b. 三经绞面料实物

a-1　面料放大结构　　　　　　b-1　面料放大结构

图 5-6　三经绞织物实物

3.四经绞织物。

（1）四经绞织物的特点

四经绞织物是一个绞组为四根经线（含有一根绞经和三根地经）。经密设计 60 根 / 厘米以上，纬密设计 40 根 / 厘米。相对于二经绞和三经绞，四经绞罗品种主要用于图案较为复杂、表现力较为细腻的亮地罗织物。其可用八枚花组织，使得结构突显，花色图案层次更加清晰。同时，经纬线分别加弱捻和强捻的制作工艺，使织物轻盈而富有弹性。四经绞织物主要用于旗袍、裙、时装等服饰面料（图 5-7）。

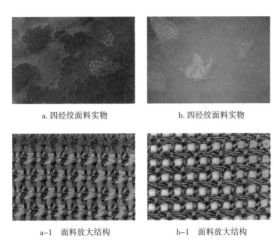

a.四经绞面料实物   b.四经绞面料实物

a-1　面料放大结构   b-1　面料放大结构

图 5-7　四经绞织物实物

（2）四经链式绞罗的举例

四经链式绞罗由于织物结构特殊，具备独特的优越性，其结构特别稳定，经纬之间位置均固定不易滑动、劈裂且具有类似针织物的外观效果。相关例举如下：

①压金云霞翟纹霞帔

压金云霞翟纹霞帔出土于江西南昌宁靖王夫人吴氏墓，2001 年 12 月由江西省文物考古研究所主持发掘。墓内吴氏穿着的素缎大衫与霞帔在 2013 年送至中国社会科学院纺织考古所进行第二次专业清理与修复保护。2014年 12 月，苏州市锦达丝绸有限公司（下称锦达公司）受纺织考古所委托，对压金云霞翟纹霞帔进行面料复制（图 5-8、图 5-9）。

图 5-8　压金云霞翟纹霞帔实物图

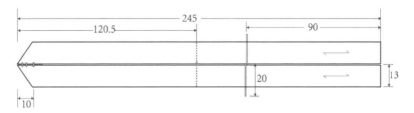

图 5-9　压金云霞翟纹霞帔尺寸图（单位：cm）

特别之处是，复制的吴氏墓霞帔面料（图 5-10），经密 92 根／厘米，纬密 15~17 根／厘米（手工打纬差异），织物单位面积质量 21 姆米。吴氏墓高密四经链式绞罗的特殊链式绞法是考古发掘中的首次发现，工艺繁复，技艺高超，是我国古代劳动人民智慧结晶。它的复制成功，使得濒临失传的链式绞罗织造技艺得到了良好的传承和保护。

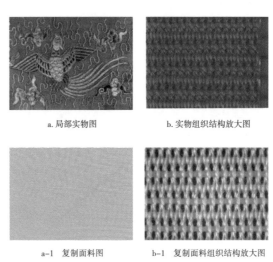

a. 局部实物图　　　　　　b. 实物组织结构放大图

a-1　复制面料图　　　　b-1　复制面料组织结构放大图

图 5-10　霞帔面料

②四经链式织金提花罗

织金八宝纹罗裙出土于明定陵十三皇帝的陵墓区，是明代万历皇帝的陵墓，为明十三陵之一。除神宗外，同葬有孝端皇后和孝靖王皇后。定陵发掘工作始于 1956 年 5 月，织金八宝纹罗裙分作两大片，每片三幅半，于后钉在一起（图 5-11）。

明代近三百年的历史，为我们留下了大量的珍贵历史遗产，其中丝绸是一颗灿烂的明珠。织金罗裙经密度达到 120 根／厘米，是至今无人突破或复制的高密四经链式提花绞罗。锦达公司在复制操作中，织造罗裙的每一次开口都必须通过两道线制绞综来形成梭口，发生了因经密度过大，有两次开口无法形成梭口的问题。通过无数次研究与实践，最后采用虚拟开口和绞综分离的方法得以实现（图 5-12）。

图 5-11　织金八宝罗裙　　　　　　　　　　图 5-12　织金八宝罗裙复制的面料坯料

4. 五经绞织物。

五经花罗的绞组为五根经线（含有 1 根绞经和 4 根地经）。五经花罗在简单纱罗组织的基础上，用更迭变化组织的本身结构，增加用丝量。地经以"乙甲甲乙"排列设定重组织，地组织结构和提花组织结构采用相互重叠的重经组织和通过甲乙经线长短浮长变化的交织，来呈现经线色彩在绸面上的表现（图 5-13）。

五经花罗用五根经线为绞组和三纬交织的织造方法，花组织结构全部起绞，在罗织物中较为少见，织物采用加强捻和脱胶染色等工艺织造，使结构更加稳定、牢固而不起皱，结构风格若隐若现，独特而别致，其品质远远高于现行常规的纱罗织物，2021 年获得国家发明专利。

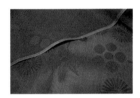

a. 五经花罗实物图　　　　　b. 五经花罗结构图

图 5-13　五经花罗面料和组织结构图

苏罗在创新中的发展

当今，传统罗织物在丝织品中有着特殊的地位，一直深受人们的喜爱，特别是现代生活中，罗织物与人们的日常生活有着日益紧密的联系，彰显个性、追求时尚成了一种生活态度。回归传统并赋予其创新含义的罗织物成为现代年轻人的追求和选择。也正是基于此，当前传统罗织物吸引了越来越多消费者的注意。

运用传统技艺创新研发

1. 珠光粉印花提花罗（图 5-14）。印花罗织物风格多样，应用范围广泛，与织花结合，相互呼应，形成纹样造型或色彩间的相互碰撞效果。为了更加合理地实现印花在罗织物上的特殊应用，拓展罗织物上印花纹样的表现形式与内涵，2015年，锦达公司与苏州大学达成校企合作，进一步创新提花罗织物上的印花工艺，经多次试验，研发了"苏罗珠光粉印花产品"。该产品在光学干涉颜料中，选用了若干种比较典型且能与罗织物匹配性好的珠光颜料，用于苏罗提花面料珠光颜料印花，它不仅具有耐水耐碱性、高温不变色，不自燃，不导电、无毒性等普通染料不具备的特性，还具有自然光泽、绚丽奇幻的色彩和镂空花罗透射光形成的干湿混色效应，具备着其他颜料无法媲美的效果。

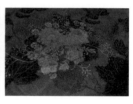

| a.珠光粉印花罗 | b.珠光粉印花罗 | c.珠光粉印花罗 |

图 5-14　珠光粉印花罗

2.双面异色四经罗（图5-15）。双面彩色提花罗运用了11种不同的组织，使织物的正反两面花纹呈现同花同色、同花异色或异花同色的效果。意匠勾边采用了多重纬组织与纱地组织相结合的特殊勾边法，使多种纬线能相互沉浮于正反面而不交叉显露。双面彩色花罗组织结构复杂，运用纱罗和宋锦的织造技艺，在轻透的纱地上织出多种彩色的花纹，产生了双面绣般的效果。

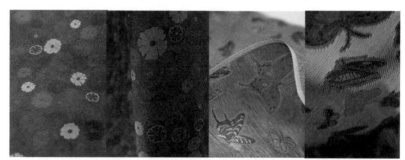

| a.正面显花 | b.反面显花 | c.正面显花 | d.反面显花 |

图 5-15　双面异色四经提花罗

3.苏云纱（图5-16）。苏云纱使用植物中提取的染料染色，利用了苏罗提花面料层次叠色加工技术，是把技术与艺术相结合的新产品。其技术内容是，借助中国绘画中层层叠色的技法，依托现代常用印染设备，根据面料品质设定的技术要求来进行选项，由"炼白—颜料（矿物质或涂料）—刮涂或印花—高温室温固化—砂洗—染色（植物染料、酸性或活性）—染料—水洗—柔软—烘干—成品"等工艺和工序操作组成。

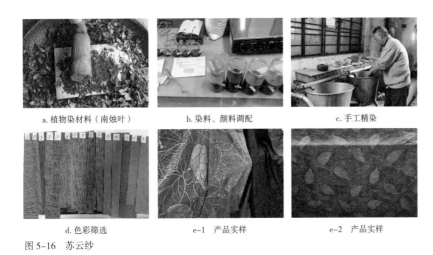

a.植物染材料（南烛叶）　　　　b.染料、颜料调配　　　　c.手工精染

d.色彩筛选　　　　e-1　产品实样　　　　e-2　产品实样

图 5-16　苏云纱

服饰风格和文化创意产品的多样化运用

1.苏罗面料在服饰中的应用多数是传统旗袍、汉服、时装和国风成衣，也有古装制作传统服饰。近几年来，企业为《上新了故宫》《司藤》和山东博物馆与孔子博物馆主办的"衣冠大成"、中央电视台《国家宝藏》等影视综艺节目定制和提供面料。

2.花罗面料的使用不限于制作服装，在文创产品不断地开发中，企业把不同功能的花罗面料制作成罗包、罗巾、罗扇、罗灯、屏风、帘幕等生活中的实用品和装饰品（图 5-17）。

a.罗巾　　　　b.罗包　　　　c.罗灯

d.罗扇　　　　e.帘幕　　　　f.屏风

图 5-17　文化创意产品的多样化运用

3. 2022年，苏州大学服装学院国际大学生服装设计参赛全部选用苏罗面料，同时举办了一场以"镜水流苏，阙上罗烟"为主题的走秀，把中国的传统丝绸与西方美学交叠融合，重拾了具有时尚的雅韵服饰，升华了苏罗推陈出新、融合新思想、新观念、新技术的理念（图5-18）。

图5-18 "镜水流苏，阙上罗烟"部分走秀图

结语

　　纱罗织造，作为中国特有的历史悠久的传统工艺，以其高贵典雅的美学品格，繁复高超的天工技艺，为中国丝绸文化提供了价值典范。随着社会的发展，人民审美和需求的转变，传统技艺的传承与发展面临着巨大的挑战，只有充分研究核心技艺这一相对稳定的内在基因，才能够在保留传统工艺核心技艺的基础上，因时而异进行改造创新，实现传统技艺的传承与发展。只有继续立足于非物质文化遗产传统技艺的探索，结合现代审美，多方位地融合创新，才能让这项传统文化走得更长远。

第三节
余杭油纸伞简介

　　余杭的纸伞制作有 250 余年历史。清乾隆三十四年（1769 年），董文远九房设伞店。余杭油纸伞有渔船伞，文明伞等多个品种，由于技术精良、用料上乘，做出来的伞经久耐用，日晒雨淋也不会散架或穿裂，很受欢迎（图 5-19）。从前不少外地香客途经余杭，都会在半夜叩门购伞，作为礼物送给家乡的亲友。

图 5-19　撑伞

余杭纸伞对制伞的手工技能要求高，制伞人要以自己的技巧经验来完成，技艺以师徒相承，靠师徒之间言传身教及个人的悟性、长期实践体会掌握，学徒需三年方可出师（图 5-20）。

1951 年，浙江省选择余杭纸伞为手工业合作化试点，组建"雨伞生产合作小组"，又在 1952 年底，建立"雨伞手工业合作社"，成为全省第一个手工业生产合作社，受国内媒体广泛报道。然而，20 世纪 50 年代后期，随着市场上钢制骨架晴雨两用伞的出现，代表着传统制伞工艺的"余杭纸伞"慢慢退出了历史舞台，手工制伞师傅们也纷纷改行换业。

2006 年已近退休之年的刘有泉找到了几位志同道合的老朋友"重操旧业"：63 岁的房金泉和 62 岁的陈月祥老师傅负责锯竹、刮青、平头、劈骨、锯槽、削骨；60 岁的沈丽华负责排伞骨、穿伞；73 岁的孙水根则负责糊伞、装柄。衣食无忧的几位老人家，这一次是真想把这传统的油纸伞制作工艺复活，并传承下去。复活"余杭纸伞"的传统工艺后，刘有泉更是拿出了 10 多万元积蓄建了一个手工工场，请几位老师傅带徒弟，希望借此把"余杭纸伞"延续下去，让更多人知道。

2015 年 8 月，刘有泉的孙子刘伟学与好友汤薇回到纸伞之家，在保留传统油纸伞的同时，将展示馆改成民宿提供给对纸伞感兴趣的国内外设计师，将传统油纸伞做得更精致，并开发纸伞的衍生品（图 5-21）。后来，笔者也于杭州市余杭区瓶窑镇塘埠西坞村建立工作室，2016 年成立品牌"人间品"。"藏设于野，人间品味"是工作室的宗旨，想以此把传统油纸伞的情怀传递出去。

图 5-20　户外伞

图 5-21　刘爷爷与刘伟学图片

余杭纸伞是中国油纸伞之一，也是浙江省级的非遗，制作一把油纸伞涉及 72 道制作工序，慢工出细活，当中包含的每一道功夫，都是手工艺人们用双手创造打磨出来的。其中最为重要的工艺主要分为四个部分，分别是制作伞骨、穿斗成型、裁纸糊面、画伞。

选材是开始制作的第一步。余杭纸伞制作使用的材料以余杭本地 6 年及以上的毛竹最为合适，最好的伐竹时间在冬季，那时竹子进入休眠期，水分和糖分含量降低，竹材组织结构紧密，质地坚韧，不易生蛀（图 5-22）。

图 5-22　毛竹

挑选出合适的竹子后，这时根据要制作的伞的尺寸，将毛竹锯成长短不一的竹筒。锯竹也有讲究，要边转边锯减少毛边，同时要考虑竹筒上竹节的位置。锯下来的竹筒并不能马上用来劈制伞骨，要先浸水，一般要浸 48 小时以上，目的是软化纤维，劈制伞骨时更加顺手（图 5-23）。

图 5-23　竹筒泡水

之后就是刮青，去除竹筒的青皮，一是为了美观，二是为了方便选出一些有暗伤的竹材，最重要的是纸张与伞骨能粘合得更好。

使用刮刀刮去毛竹青皮时，要注意下刀不能重，同时也不能断断续续，要掌握分寸一刮到底。

正式劈制伞骨前还需要一些准备工序，平头、圆头、划线，前两步是为了削平竹筒，处理竹筒内外孔径上的毛边，划线是给后一道工序排伞骨时用的记号线，最后使伞骨仍能保持原始的弧形。

制伞骨（图 5-24）中最为考验手工技术的工序就是劈骨。首先，要将准备好的竹筒劈开，先劈成小竹板，再在划线处砍一刀，这一刀要不轻不重，深度恰到好处，这里正好是长骨锯槽打孔穿门的位置。其次，劈出长骨后再劈短骨，短骨的厚度以一端能顺利插入长骨锯出的槽内，另一端插入下斗的斗槽中为限。接着的工序是削骨，把劈好的伞骨一头削成方形，另一头削成扁形，给下一步作准备。

锯槽是制伞骨中最关键的一道工序，在本就细长的伞骨上，开出一道细小的槽，要使长骨破皮而又不能裂，不仅需要技术还需要耐心。制作者以双

图 5-24　伞骨

图 5-25　机器图片

脚踩动脚踏板带动齿片旋转，左手食指要戴一指套（用内径与食指大小差不多的小竹子做成）用来保护手指（图 5-25）。左手握伞时要把骨子一端顶向定位板，起到锯槽时固定位置，手持稳定的作用。然后在竹骨上锯一道 4 cm 的槽，且竹骨透而不破，为后面几道工序用来钻孔穿短骨所用。

在一把纸伞伞架中，伞斗是联系起伞骨的重要元件，伞斗分为上下斗。一般是将一块实心木料锯下，车出分层曲线的伞斗型，再根据伞的大小开车出不同的边数，用于安装长骨和短骨。按照划线时做好的记号依序排列伞骨，再在伞斗和伞骨上钻出相应数量和大小的小孔，这一步是钻孔。

老师傅把穿斗叫套脑头，就是将伞骨插用实木做的伞斗齿槽中，长骨穿在上斗，并用尼龙类丝线穿入小孔（旧时多用头发丝）。后面的刮脑头，就是把伞骨的棱角打磨光滑，避免竹骨毛刺伤害使用者（图 5-26）。

穿完长骨后接着穿短骨，把短骨穿在下斗上的这一步叫做撑样（图 5-27），最后把已经穿好长短骨的上下斗再用线穿起来，此时伞架基本成型，这一道工序叫穿腰线。

骨架基本成型的伞骨，到了糊伞师傅这里先要装上一根竹杆代替伞柄，然后用大剪刀剪齐伞骨。之后把伞撑开为伞骨定位，对称的两根伞骨要对齐，否则糊好伞后伞骨会扭曲变形，同时用刀背轻轻敲打伞骨，检查短骨是否会戳破

图 5-26　撑开伞骨

图 5-27　撑样

长骨锯槽处，继而戳破伞纸。这一步叫做撑样。

检查完之后开始绕线（图5-28）。在伞外边先用定位工具绕第一道定位线，使伞骨在同一伞面上分布均匀，接着再绕四道加固。

余杭纸伞伞面旧时还选取薄而韧的桃花纸，现如今则采用手工皮纸，在轻薄坚韧的基础上还具有天然的纹理（图5-29）。之后按伞的规格和伞面大小，把皮纸裁成多个大小不同的等腰三角形。

老师傅们会将裁好的皮纸一大一小叠放，3层9组，每组3张，这一道工序叫叠纸。

接着先将自制的糨糊用刷子均匀地涂抹在皮纸表面，3层纸一起刷，再将浸透糨糊的皮纸裱糊在伞骨上，其间不断用手将其拉直，这就是余杭纸伞制作工艺中特有的湿糊技术，糊好的伞面能经受日晒雨淋风吹而坚韧不裂。

图5-28　绕线

需要注意的是，在用糨糊刷纸时要刷得透而不皱，刷得太过了纸上会起皱，刷少了，两张纸之间会有气泡。湿纸过程中，一定要不断清除在涂刷过程中，产生的留在纸面上的杂物，这样湿好的纸才能裱糊到伞面上（图5-30）。

图5-29　皮纸

贴好6组皮纸之后，老师傅会进行细致的押边（图5-31），将长骨绕线朝外的那段皮纸进行裁剪，剪开一个小口，将棉线外端的皮纸以棉线为边界翻起来进行包边，之后让糊好的伞面阴干。在火堆边搭架子，将伞靠在火边烘干，让伞定型。

阴干伞面后的收伞也并不简单，要按伞骨走向仔细检查慢慢收拢，防止伞骨戳破伞面。将伞归拢箍紧，再用手相应调整加强每一处收痕的缝隙，方便以后的开合。

最后封头，意为收拢纸伞后，切除伞头部分多余的纸张，再用纸包糊住伞头，这样在使用中才不会从伞顶上漏雨。

伞面颜色由师傅自己用颜料配置，调配比例一般保密，不对外透露（图5-32）。

装伞柄时，先在伞柄开一小槽，安装弯好形状的钢丝开关，并在伞柄的合适位置钻一个定位孔，然后修整纸伞上下斗内孔径装入伞柄。下一步是装

图5-30　糊伞

图 5-31 押边

图 5-32 青色伞

伞帽,不同于其他地方的伞帽,这是余杭纸伞特有的铁帽子。

　　再在伞面刷两次桐油,这也是纸伞得以防水的基础。之后把伞悬吊起来,待桐油干透后从内侧短骨绕穿多色花线,绷花线既能装饰伞骨,又能增加长短骨之间的稳定性(图 5-33)。最后根据自己喜好或客户要求给纸伞装上相应的手柄。

　　关于油纸伞,民间有一种误解,认为伞的发音跟"散"比较像,认为送别人油纸伞是不吉利的。其实不然,在清代余杭纸伞是很好的赠人佳品,现在有一些地方的婚礼上还有新娘下车打红伞的习俗。送伞还有"雨中送伞,不离不弃"的寓意(图 5-34)。

图 5-33　穿花线

油纸伞所传承的，不仅是一种技艺，也是一种温度，是关于江南烟雨的传统情怀与浪漫想象。现在，余杭油纸伞在传统手工艺的借鉴与融合中不断发展创新，将传统文化通过现代的方式来表达，用传统的工艺来呈现，创作出更多的产品。

图 5-34　多色纸伞

谢敏

第四节
中国汉族聚集区传统印染材料与工艺标本库的建立与应用实践

源起

谢太傅印染工艺社致力于传统印染工艺（印、染、织、绩）与材料的保存、研究和展示，以及进行天然染料印与染的实践。收集工作源起于 2015年，并在 2018 年明确建立"中国汉族聚集区传统印染材料与工艺标本库"的目标，历时 8 年，已收集到传统印、染、织、绩、绣等实物近 4000 件，其中包含 10 余种印花工艺，900 余件套棉、麻服饰。

传统印染材料与工艺

棉、麻织物（图 5-35）是印花工艺的主要载体——棉、苎、大麻、葛、蕉、苘、黄麻、竹、黄草等。

传统印花工艺多是借助型版来进行纺织品印制，以此可实现规模化生产，不同程度上具有可复制、快速、经济的优点。有画绩、绞缬、蜡缬、弹墨等，也有借助型版操作的做法，由此可见各种印花工艺存在交错的关系。

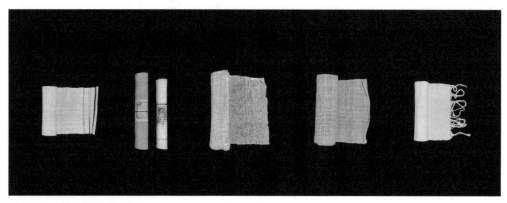

图 5-35 20 世纪的手织棉、麻布

以下将传统印花工艺分作直接印花和防染印花两大类（图5-36）。直接印花强调的是直接将染料或颜料绘、印、刷、喷弹在纺织品上，防染印花则是以缝扎、覆防染蜡或浆料、夹板等方法局部防染来染色显花。直接印花工艺操作总体而言更加简便，但防染印花的色牢度普遍更高。

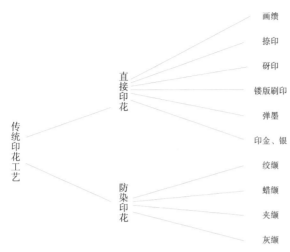

图5-36　传统印花工艺分类示意图

画缋

画缋，即绘画，以手绘的方式在纺织品上勾描敷彩。

从马王堆汉墓出土的捺印敷彩纱（即印花敷彩纱）来看，在西汉时期，画缋工艺十分常见。图5-37中的捺印敷彩纱颜色有五六种之多，其中朱砂、绢云母、银灰（硫化铅）和墨色保存较好。印制的图案为藤本植物的变形纹样，第一道以凸版印出暗灰色枝蔓，其余五道为手绘敷彩。

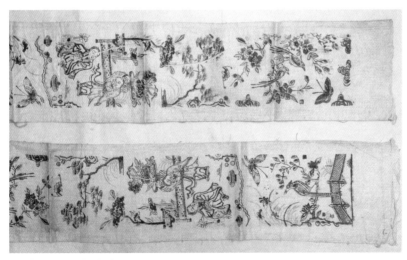

图5-37　清代和合二仙挽袖

画缋工艺直至 20 世纪七八十年代，仍然在山西、河北等地有应用。而其作为一种最简易方便，且自由度极高的印花工艺，自其产生，历代都有应用。手绘印刷除了应用在服饰上，还用于印制床帐、门帘、桌围、包袱等。

捺印

捺印是用凸或凹版像钤印那样蘸取浓缩染料或颜料在纺织品上印花。

捺印的印版多为木质，也有铜质等金属印版。为了捺印方便，一般会在印版背面另制一把手，又为了颜料在被印面料上充分沾染，印花的台面上往往要垫上数层平整的面料或毛毡，配合以一定的力道和手法，才可以把花纹印制得清晰、均匀。

目前所见的最早捺印实物为马王堆汉墓的金银印花纱，同为西汉时期的南越王墓还出土了青铜印花版。南宋黄昇墓出土了不少捺印花实物，根据实物推算，这些印版长 5.3~50 cm，宽 1.5~3.8 cm。多呈长条形，且多用以印制门襟花边。

至迟在 19 世纪末以捺印的方式印制被面、帐檐、包袱等广泛流行于浙江、江苏、上海、山东等地。

这一时期的捺印一般先在印花前染蓝、红、黄、紫等色地，再行印花（图 5-38）。印版为木质，多为长 15 cm、宽 10 cm 左右的折枝花卉，又有较大型的人物、鸟兽、团花印版和角花、长条形边版等，既可以将各种花版组合印制，也可以只取折枝花卉作连续纹样印制。以墨色为主，兼有以红、白套色的做法。

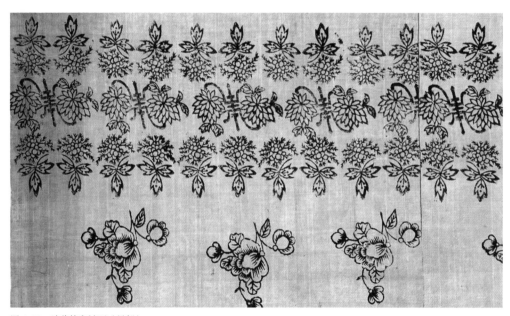

图 5-38　清代捺印被面（局部）

蜡缬

蜡缬是以蜡作为防染剂防染显花的印花工艺。在纺织品上施蜡的方法主要有三种：一是以木棍、毛笔、蜡刀等工具蘸蜡手绘蜡缬；二是以木质、金属质模版蘸蜡模印蜡缬；三是以木版夹住纺织品后施蜡的夹版蜡缬。

手绘是蜡缬的主要施蜡方法，近代以来山东、辽宁、河北等地蜡缬遗存几乎都是手绘施蜡，参看西南少数民族地区的蜡染工艺，也是以手绘为主（图5-39）。

图5-39　清代蜡缬门帘（辽宁）

绞缬

绞缬，即扎染，是以线扎、缝纺织品或直接将纺织品打结来实现防染显花。元代胡三省《资治通鉴音注》中："缬，撮采以线结之，而后染色。既染则解其结，凡结处皆原色，余则入染矣，其色斑斓谓之缬。"说的正是绞缬工艺。

魏晋时期，绞缬工艺已被应用在服饰中，新疆出土的东晋绛地绞缬绢，制作的方式应是在绢中包入谷粒等小颗粒作为垫衬物，再以线捆扎进行染色。隋唐时期，印染手工艺快速发展，绞缬染色制品风靡一时。唐诗中也涌现了各种名目的绞缬名称，如撮晕缬、鱼子缬、醉眼缬、方胜缬等。北宋初期，绞缬工艺仍然普遍。其后，由于朝廷颁布禁令而受到抑制，南宋时虽然逐步解禁，但已大不如前。

虽然元、明的绞缬实物极少，但民间仍在一直使用这种工艺，近代以来在山东、辽宁、河北等地均有遗存，除了被用于印染服装外，也被广泛应用于包袱、褥面、枕巾、门帘、桌围等（图5-40）。

图5-40　民国绞缬包袱

夹缬

夹缬是利用两块或多木版夹住纺织品防染显花的工艺。宋高承《事物纪原》记载："夹缬秦汉间始有，陈梁间贵贱通服之"。最早夹缬实物见于唐代，夹缬也盛于唐。以唐式为代表的彩夹缬到元代以后已不多见，并且很有可能在清初以后在汉地失传了。

夹缬根据印法不同，可分为一次性夹印的单色夹缬、一次性夹印的多彩夹缬和多次套印的多彩夹缬三种（图5-41）。

图5-41　夹缬被面（局部）

印金、银

印金是借助型版先将胶印在纺织品上，再贴金箔或撒金屑、金粉等（图5-42）。

印胶的版一般为木质，用来制作胶剂的材料有大漆、桐油、皮胶、骨胶、鱼胶、桃胶、楮树浆、大蒜汁等。

镂版刷印

镂版刷印即是将有镂空花纹的金属、木、纸版置于纺织品之上直接以浓缩染料或颜料刷色。

无锡曾经出土过明代镂版刷印丝织物两种，一种是满印四方连续的缠枝莲，花纹的构成与风格同当时的织锦颇为相似。另一种是在布幅的两端印云鸟花边。两种印染品都是丝织物，地色或黄或褐。

明清以来，镂版刷印的印版以柿漆纸或桐油纸制成，有花心版、地纹版、边版、角版之分。

传统的印刷刷子为圆形羊毛刷，要求毛长且挺，刷子头平齐，有大有小。

印制的技法主要有平刷、晕染、喷弹三种。印制时依照先大色块后小色块、先主版后色版、先浅色后深色的顺序操作。

明、清的镂版刷印最为精巧，多为套色印花，被广泛应用在服饰、床帐、帐檐、被面、包袱、桌围等纺织品上，在浙江、上海、江苏、山西、山东、辽宁、河北等地均有分布（图5-43）。

 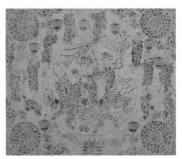

图 5-42　民国印金布　　　　　　　　　图 5-43　民国刷印花桌围

灰缬

20世纪70年代初，武敏通过对吐鲁番出土丝织品的研究，提出了唐代纺织品除了已经见于文献的绞缬、蜡缬、夹缬之外，还存在一种利用镂空版进行碱剂印花的方式。这种方式是利用碱剂在丝上局部脱胶，通过生丝、熟丝不同的着色效率来显花的。在古代，碱剂通常会用草木灰、蛎灰、石灰等，所以这种印花技艺便被称作"灰缬"。

此外，唐代还有一种在染色后以碱剂拔色的工艺，此法与前法可合作唐式灰缬。

《古今图书集成》载："药斑布——以布抹灰药而染青，候干，去灰药，则青白相间，有人物、花鸟、诗词各色，充衾幔之用。"

宋代后出现的"药斑布"法灰缬，则是利用调配的灰浆，借助镂空型版在布上刮浆防染的工艺，这也是现在所说的蓝印花布。

与唐式灰缬多是以丝质面料印染不同的是，药斑布法灰缬多是在棉、麻布上印染。元、明以后，随着棉纺织的普及和靛蓝染料制备技术的进步，药斑布也随之普及开来。

1965年，在马桥乡三友大队的明代墓葬中出土了四条蓝印花布夹被，上面印有繁复而活泼的花纹，蓝白两色搭配自然和谐，制作工艺精湛。据一起出土的一张地契所记时间，可确证为明代末期的文物，现保存于上海博物馆及上海市闵行区博物馆（图5-44）。

研印

褚华《木棉谱》载："以木版刻作花卉、人物、禽兽，以布蒙板而研之，用五色刷其研处，华彩如绘，名刷印花"。此法即在木质花版上先刷一遍清水，再将预先脱浆、打松的面料蒙在版上，用竹片或鹅卵石来回打磨，研出水路和凸纹，再用笔刷色。布与木版相贴的一面为正面，因是在背面上色而呈现背面颜色较深、颜色稍晕开，正面颜色稍浅、颜色纹路较分明。刷色完成后，再在正面补刷地色完成印制。

根据文献记载和实物出处可知，研印花在浙江、江苏、上海、山西、山东、辽宁等地均有分布。多用以印制包袱、被面、床帐、床檐、桌围、车被等（图5-45）。研印的花版有芯版、地纹版、角花版、边版，以印制大型三幅包袱最为复杂，常以数种花版拼套印成。

图5-44　清代百子灰缬被面

图5-45　清代研花包袱

弹墨

清代朱祖谋的《西平乐·别西园作》载："弹墨单衣，勘书深烛，清欢草草三霜。"所谓弹墨，就是由艺人首先勾画出所需要的各种图案，如花卉鸟虫、人物、风景等，再把它铺在事先准备好的纸张上，前后剪成图样，最后把这些剪好的纸铺在白布上，把黑墨撒到平时筛面用的马尾罗上，用手加力弹出黑点落在剪好图案上，图案上留下各种轮廓，然后用竹签描点即成（图5-46）。

工具包括马尾罗、竹弓、刷子、竹签笔、墨汁和颜料。先用刷子往马尾罗的细目上刷墨汁，之后用柔软又有弹性的竹弓对着罗底快速敲打，细密的墨汁直接飘到版样和织物上。就这样反反复复地敲打，直到墨点将画面完全覆盖。取下版样，即留下图案的大致轮廓。等布面干透后，再用竹签笔开始勾线条，填涂颜色。

应用实践——"乐逍遥"蓝灰缬夏布门帘

图5-47中的门帘保留了中国传统门帘的门头式样，并做成更适宜于现代生活的半截对开式，夏布质地，轻盈疏朗。门头的"乐"和"逍遥"三字，分别取自于"永乐宫"匾额和颜真卿题书"逍遥楼"，门帘上奏乐嬉戏小人则取自浙江地区的清代蓝灰缬被面。

图5-46　民国弹墨门帘

图5-47　"乐逍遥"蓝灰缬夏布门帘

艺术宫灯制作与解析

雁鸿

火是人类最重要的发现之一，而灯烛被认为是一种文化和生命的精神载体。在中国千年的文明史中，灯具经过长期的发展与积累，于清代逐渐发展至盛境。其中首推的就是宫灯，可以彰显出当时灯具制作的最高水准。除了用于照明外，还兼具装饰、祭祀等功能。

宫灯

清代的宫灯形态各异，造型丰富，有挂灯、桌灯、壁灯、戳灯、手把灯、提灯、屏灯、持灯等不同种类。

挂灯

挂灯是指以悬挂为主要陈列方式的灯具，多悬挂于屋顶、檐下、门口、廊庑等作垂挂使用。挂灯的基本结构一般分为宝盖、穗帏和灯身三部分。

挂灯的基本特征：宝盖的基本形态为毗卢帽式，檐多外翻且上扬，有折角，折角处往往设龙头或者凤头等。有的龙头、凤头还可以活动，不用时可以暂时收回宝盖檐内。穗帏分为灯穗、帘帏。灯穗挂于龙头、凤头之下，呈条穗状，多由彩珠、吊挂牌、丝结、回头穗等串成。吊挂牌的材料样式繁多，由象牙、木头等材料制成，每盏灯所配的条数一般为四、六等双数。帘帏由璎珞、流苏制成，固定于金属圈上，并系于宝盖口沿。灯体和宝盖多为分体的结构，设金属链或勾等与之相连。一件宝盖下可与一件或者多件灯身相连。

清宫灯身形式可分为灯框镶嵌灯片式和单体灯罩式。

灯框镶嵌灯片式：即以珐琅、硬木等制成灯身边框结构，再以明角、丝织品、玉、纸、玻璃、拼接明角等制作而成。

单体灯罩式：不镶嵌灯片，常以吹制玻璃、拼接明角等制作而成（图5-48）。

图 5-48 清代明角灯，故宫博物院藏

桌灯

桌灯主要陈设于桌、案几、炕等台面上，一般体量比较小，有基座，多用于读书写字等活动。

桌灯的形式分为挑杆式、灯罩加基座式、灯挡式、蜡扦烛台式。

挑杆式：由灯体、挑杆、基座组成。

灯罩加基座式：由灯罩、基座组成（图5-49）。

灯挡式：由灯扇、支架、基座组成（图5-50）。

蜡扦烛台式：由基座、接油盘和蜡信组成（图5-51）。

此外还有壁灯、戳灯、手把灯等（图5-52~图5-54）。

不同的灯都应用着不同的材料和非遗技艺，比较常用的有木雕、漆雕、象牙雕、景泰蓝珐琅工艺、花丝镶嵌、辑珠、绘画等，图案也囊括寿桃、蝙蝠、花卉、龙、凤等不同的题材。因为宫灯制作往往是多种工艺的结合，所以宫中的造办处常根据自身专攻的方向的不同，联合多个工坊协作完成。

图5-49　清代紫檀龙凤同合纹桌灯，故宫博物院藏

图5-50　清代象牙座玳瑁遮灯，故宫博物院藏

图5-51　清乾隆粉彩花卉纹蜡扦

图5-52　清代掐丝珐琅葫芦式壁灯，故宫博物院馆藏

图5-53　清代画珐琅戳灯

图5-54　清代羊角喜字手把灯，故宫博物院藏

现代新型材料与宫灯制作

本次分享制作的一组宫灯，分为龙、凤、鹤、麒麟四个主题。四盏宫灯的形态参考了传统宫灯，但又各不相同。本次选用现代可购买的替代材料进行创意改装制作而成，是传统宫灯经过二次创作产出的艺术品。

龙主题宫灯的制作

龙在中国传统文化中被视为神圣的代表，承载着中国千年的文化内涵，也是祥瑞、权力、尊贵、力量和吉祥的象征（图5-55）。

龙主题宫灯分为三个部分：宝盖、穗帏和灯身。整体共有12条龙，宝盖上有6条，灯身上有6条。实现12条龙的塑形制作是本次制作的一大难点。因为灯笼比较大，所以除了解决龙的尺寸问题，还要解决其重量问题（图5-56）。

图5-55　龙主题宫灯

图5-56　龙主题宫灯草图

热塑材料是手工制作中常见的材料，由于其重量较重，此次选择了免烤黏土进行造型。免烤黏土的优点是质地轻、好造型，晾干后硬度高；缺点是比较脆，细碎的地方容易断裂（图5-57）。在捏出形态各异的12条龙的骨架后（图5-58），需细致刻画每条龙的面部（图5-59）。此步骤需具备一定的塑形能力。

等龙晾干后就可以进行上色了。上色需要解决两个问题：底色统一和质感统一。在不同的底色下金色呈现的颜色不同。底色是白色时，喷金颜色比较亮，质感上较偏"塑料金"，会严重影响整个作品的质感。因为黏土晾干后呈白色，为了避免"塑料金"的情况，经过多次底色尝试，决定用深棕色作为底色，也与金属配件颜色最接近。之后再进行喷漆，使整个色调和谐（图5-60）。然而，在底色相同、上色相同的情况下，因材质的不同也会产生各种色差。比如同样的金漆喷在木头上呈现磨砂的效果，在肉眼看来木头上的金色就会偏黄；喷在金属上呈现光面的效果，在金属上的金色因为反光的作用会反黑或反白，呈现两个极端色，所以需要通过统一材质实现视觉上质感的统一。

图 5-57　免烤黏土　　　　　　　　　　　　图 5-58　龙的骨架

图 5-59　刻画细部　　　　　　　　　　　　图 5-60　上色

随后，将金属花片剪成小片作为龙鳞覆盖在龙身体的表面（图5-61）。接着按照相同的方法做完12只龙（图5-62）。

图 5-61　制作龙鳞　　　　　　　　　　　　图 5-62　批量制作

宝盖部分需先用 1.5 mm 的铜丝打骨架（图 5-63），再用金属花片裁切成相应的大小进行拼接（图 5-64），在平面的地方用龙形花丝铸件进行装饰（图 5-65）。底部也用相同的方法进行制作（图 5-66、图 5-67）。因这两个部分制作方法较为基础，此处简要略过。

图 5-63　制作骨架

图 5-64　拼接金属花片

图 5-65　添加装饰

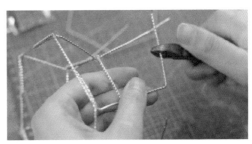

图 5-66　制作底部骨架

图 5-67　拼接底部金属花片

灯身部分的制作，用到的是亚克力球（图 5-68）。将球的两头各加一圈金属花片（图 5-69），中间连接 6 根骨架（图 5-70~图 5-72），再将之前做好的龙固定在骨架上（图 5-73）。宝盖上 6 只，灯体上 6 只（图 5-74），最后再挂上流苏，灯笼就完成了（图 5-75）。

图 5-68　制作灯身

图 5-69　添加花片

图 5-70　钻孔

图 5-71　金属花片

图 5-72　连接骨架

图 5-73　把龙固定在骨架上

图 5-74　把龙固定在宝盖上

图 5-75　把龙固定在灯身上

鹤主题宫灯的制作

鹤主题宫灯（图5-76）的灵感来自《瑞鹤图》中在房顶上飞舞盘旋的仙鹤，仙鹤寓意生机勃勃，延年益寿，象征高贵优雅、忠贞纯洁、吉祥如意以及长寿，常和松柏一起出现，表达长命百岁的祝福。此次在制作宫灯上也增加了松树的元素，寄托松鹤延年的美好祝愿（图5-77）。

图5-76　鹤主题宫灯

图5-77　鹤主题宫灯草图

鹤主题宫灯上端设计了房屋的结构，直接用其模型进行制作（图5-78）。模型在连接上之前都是胶水固定，所以其承重力不够，需要将每个连接点用铜丝进行加固（图5-79）。切取模型房顶的部分来用做宫灯的顶端（图5-80），将房顶喷上金漆（图5-81）。为了统一质感，在表面喷上金漆后再将花片贴在木质的屋檐上（图5-82、图5-83）。

图5-78　模型

图5-79　拼接模型

图 5-80　制做灯顶

图 5-81　喷上金漆

图 5-82　粘贴花片

图 5-83　粘贴装饰

　　灯体的部分使用亚克力（图 5-84），将立柱固定在六边形底座上（图 5-85），两端再用金色花片镶边，灯体部分就完成了（图 5-86）。再把这部分与之前做的房顶固定起来，鹤主题宫灯的主体就完成了（图 5-87）。接下来制作鹤的部分，用铜网掐丝做翅膀，做成仿花丝的效果（图 5-88），将翅膀和身体进行拼接（图 5-89），再将铜花片剪的鳞片一片一片的粘贴在鹤的身上（图 5-90）。重复做 6 只（图 5-91）。再将鹤、流苏和松树配件用 UV 胶固定在灯笼上（图 5-92），整个鹤主题宫灯就完成了。

图 5-84　裁切六边形，中心裁切圆形

图 5-85　固定立柱

图 5-86 镶金色花边

图 5-87 固定房顶

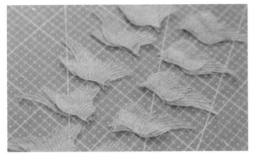

图 5-88 制作翅膀

图 5-89 拼接翅膀与身体

图 5-90 制作羽毛

图 5-91 鹤

图 5-92 固定细节

图 5-93　凤主题宫灯

图 5-94　凤主题宫灯草图

凤主题宫灯的制作

凤是人们心目中的瑞鸟，更是天下太平的象征，是中国神话传说中的百鸟之王。牡丹为花中之王，寓意富贵，而凤穿牡丹是传统的吉祥图案，牡丹、凤结合象征着美好、光明和幸福。

本次制作参考故宫玉石花篮灯的样式将灯笼设计为花篮的形状（图 5-93）。整体为金色，灯由牡丹、凤、灯体和莲花底托组成（图 5-94）。

牡丹和凤的制作方法是从传统花丝镶嵌的方法中提炼而来，将铜丝进行掐丝，制作成叶片和花瓣（图 5-95、图 5-96），再将牡丹花瓣进行一层一层地组合，这样做出来的牡丹层次感强，并且有着仿花丝的效果（图 5-97）。这里除了做主花以外，还制作了花骨朵和若干叶子。凤的制作也是用铜网掐丝做尾巴和翅膀（图 5-98），再进行组合和粘贴羽毛（图 5-99、5-100）。身体的部分用热塑材料进行塑形（图 5-101）。之后用慢干胶或者 UV 胶进行鳞片的粘贴（图 5-102）。与传统方法不同的是，此方法适用于没有焊接和镀金基础的手工爱好者。

将铜片进行掐丝，做成莲花的花瓣（图 5-103），组合成第一层底托，再将铜配件组合成第二层底托（图 5-104）。灯体部分用的是亚克力球，将球从 1/3 处切开（图 5-105），并用金属花片进行镂空装饰（图 5-106）。这里每个固定点都用圆头针固定（图 5-107），再用亚克力做成六边形盖子。把提杆底托等部位连接起来，花篮就完成了。接下来将牡丹花和凤组合在灯体上（图 5-108），加上流苏（图 5-109），凤主题宫灯就做好了。

图 5-95　制作叶片

图 5-96　制作花瓣

图 5-97　组合牡丹花

图 5-98　制作凤尾

图 5-99　装饰凤尾

图 5-100　粘贴羽毛

图 5-101　制作凤身

图 5-102　细化凤身

图 5-103　掐丝做出花瓣

图 5-104　底托制作

图 5-105　亚克力灯体

图 5-106　装饰灯体

图 5-107　用圆头针固定

图 5-108　固定牡丹花和凤

图 5-109　添加流苏

麒麟主题宫灯的制作

　　麒麟是中国的传统神兽，是最著名的瑞兽之一，象征着平安吉祥、聚财富贵，是慈祥、人才、祥瑞的象征。在民间也是送子神兽，有"麒麟送子"的说法。

　　麒麟主题宫灯上有 7 只麒麟，顶端 1 只，灯体上 6 只（图 5-110）。上端为一个小亭子，灯体由一个 20 面体亚克力多面体组成（图 5-111）。周围悬挂了一些流苏。

图 5-110　麒麟主题宫灯

图 5-111　麒麟主题宫灯草图

　　麒麟的做法与之前龙的做法一致，用免烤黏土捏出 7 只形态各异的麒麟（图 5-112、图 5-113）。晾干后再进行打底和喷漆（图 5-114），最后再将鳞片一片一片地粘贴在麒麟身体上（图 5-115）。做好 7 只麒麟备用（图 5-116）。

图 5-112　麒麟雏形

图 5-113　刻画麒麟

图 5-114　打底和喷漆

图 5-115　粘贴鳞片

图 5-116　麒麟

亭子的部分也是用模型先做一个底子，然后对每个固定点进行加固（图5-117），再进行打底和喷漆（图5-118），之后用各种材料进行装饰（图5-119）。其他重复方法不再赘述。

灯体的部分先用1.5 mm的铜丝做骨架（图5-120），在骨架上增加金属条做边框（图5-121），再用铜丝固定大小裁切合适的亚克力板，将之前做好的麒麟固定在灯体的6个边上（图5-122）。

固定好亭子部分，再挂好流苏，麒麟主题宫灯就完成了。

此灯笼的难点在于重量较大，需要将每个连接点都固定牢固，并且将整体重量分散在6个固定点上而不是将承重承放在亭子上面。

本次宫灯系列手工制作还包括一个底座、两个挂架和一个花丝盘，耗时2个月。希望此次分享能够给传统文化爱好者一些新的启发，创作出自己喜欢的作品。

图5-117　加固亭子

图5-118　打底和喷漆

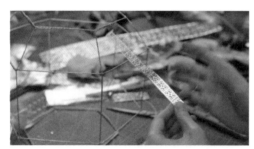

图5-119　制作灯的骨架

图5-120　装饰亭子

图5-121　增加金属条

图5-122　固定麒麟

第六章

朱弦玉磬

一场娓娓道来的"歌诗"故事

明清时代的中国音乐也在蓬勃地发展。与节庆相结合，乐队选用明清时代的乐器来献上一场古代音乐会。弹拨乐有明制琵琶、清制琵琶、月琴、双清、二十五弦瑟、十四弦筝。吹管乐有均孔笛、十三簧笙、头管。擦弦乐有提琴、携琴、轧筝。打击乐有拍板、大小鼓、梆子、十面云锣。

乐器的音色上，弦乐器与现代民族弦乐音色存在较大的差别。丝弦的音色相较于改良的金属弦，更偏含蓄暗沉。弹奏的延音远不如现代钢弦的长。笛管乐器开孔按照平均孔位打孔定音。所使用的律制和标准音也与现代不同。所以每个音阶的音准是当时传统的制式系统，和当代体系不一样。在配器的结构上，按照室内乐的规模以及古代文献记载，采用一器两人的配置演奏。

在乐曲上，选用的曲子翻译自《魏氏乐谱》《碎金词谱》以及一些民间曲目。在明末时，福建人魏之琰将中国明代诗词音乐传至日本，在当地称作"魏氏乐"。其后代于1768年编译刊发《魏氏乐谱》。学者认为《魏氏乐谱》似乎更像是明代的学堂乐歌。所以古谱中月琴、琵琶等弹拨乐声部的形式感是很强的。在魏氏乐的研究中，漆明镜老师给予了很大的帮助。《碎金词谱》成书于1844年，为谢元淮所作。两部诗词乐谱集都收录了大量的乐曲。经过翻译，发现其中乐曲的风格多样，互有差异。但是从大体来说，古曲的走向相对平稳，没有现代民乐那样繁复多变的节奏和结构，而且不太重视音乐中的低声部。所以在当代音乐审美体系的听觉习惯下，欣赏古曲确实需要一定深入的了解和对传统音乐体系有较为完备的认知。

上半场曲目：

《江神子·赋梅寄余叔良》

魏氏乐谱　卷三　一百三十七曲

辛弃疾　词

漆明镜　译谱

暗香横路雪垂垂。

晓风吹。晓风吹。

花意争春，先出岁寒枝。

毕竟一年春事了，

缘太早，却成迟。

未应全是雪霜姿。

欲开时。未开时。

粉面朱唇，一半点胭脂。

醉里谤花花莫恨，

浑冷淡，有谁知。

　　曲子一开始由竹笛引入，诸管乐跟进，表达空远绵长之意。之后再接入正曲。词由词人辛弃疾所作。作者借物喻人，高洁的姿态却又不被人知。曲子行进流畅，有"花意争春"时的高涨情绪，也有自叹"缘太早"的黯然。

《杂曲歌辞·桂花曲》

魏氏乐谱　卷三　一百一十二曲

佚名　词

漆明镜　译谱

可怜天上桂花孤，

试问姮娥更要无。

月宫幸有闲田地，

何不中央种两株。

　　美丽的月夜使人心旷神怡。词表现了作者遥看月宫的美好畅想。曲调优美婉转，安静闲适，很有昆曲韵致。所以在演唱的方面，团队选择参考部分昆曲的技法来进行表现（图6-1）。

图 6-1　《杂曲歌辞·桂花曲》表演现场

《小重山·一闭昭阳春又春》

魏氏乐谱　卷一　十七曲

韦庄　词

漆明镜　译谱

一闭昭阳春又春。
夜寒宫漏永，梦君恩。
卧思陈事暗销魂，
罗衣湿，红袂有啼痕。
歌吹隔重阍，
绕庭芳草绿，倚长门。
万般惆怅向谁论？
凝情立，宫殿欲黄昏。

　　道道重山无数的阻隔。这首词描写了主人公空倚长门，无限怅望之情。乐曲的旋律，好似一开始身处在清远的群山之间，远眺雾霭弥漫的交错山峦。转而一想又万千惆怅。这不断重复的乐句，将情感一步步加重（图6-2）。

图6-2　《小重山·一闭昭阳春又春》表演现场

《鹊桥仙·华灯纵博》

晚明琵琶和乐队

魏氏乐谱　卷二　九十八曲

陆游　词

漆明镜　译谱

华灯纵博，雕鞍驰射，
谁记当年豪举。
酒徒一半取封侯，
独去作、江边渔父。
轻舟八尺，低篷三扇，
占断苹洲烟雨。
镜湖元自属闲人，
又何必、官家赐与。

《长命女·春日宴》

碎金词谱　卷六

冯延巳　词

陶冶　译谱

春日宴，
绿酒一杯歌一遍。
再拜陈三愿：
一愿郎君千岁，
二愿妾身常健，
三愿如同梁上燕，
岁岁长相见。

曲调哀愁婉转，似诉思念之情（图6-3）。歌词描写了春和日丽之时，一位女子对家庭圆满、健康的美好祝愿。期盼夫妻二人犹如梁上双燕，年年岁岁常相见。

图6-3 《长命女·春日宴》表演现场

《贺新郎》

魏氏乐谱　卷三　一百三十八曲

刘克庄　词

漆明镜　译谱

溪上收残雨。

倚画栏、薄绵乍脱，日阴亭午。

闹市不知春色处，

散在荒园废墅。

渐小白、长红无数。

客子虽非河阳令，

也随缘、暂作莺花主。

那可负，瓮中醑。

碧云四合千岩暮。

恨匆匆、余方有事，子姑归去。

趁取群芳未摇落，

暇日提鱼就煮。

叹激电、光阴如许。

回首明年何处在，

问桃花、尚记刘郎否。

公莫笑，醉中语。

　　歌曲表现了词人游荒园废墅，惜叹满园春色，芳草无主。光阴如箭，世事莫测。

《早朝大明宫呈两省僚友》

魏氏乐谱　卷二　六十二曲

贾至　词

漆明镜　译谱

银烛熏天紫陌长，

禁城春色晓苍苍。

千条弱柳垂青琐，

百啭流莺绕建章。

剑佩声随玉墀步，

衣冠身惹御炉香。

共沐恩波凤池上，

朝朝染翰侍君王。

　　曲子前半部分无歌词，演奏三遍。第一遍笛子独奏，二遍加入笙，三遍加入瑟和竿篪。每一遍叠加的乐器使曲子层次逐遍丰富起来。三遍过后才步入正曲，也是声部最为饱满的部分。结合歌词的演唱，曲调平和优美（图6-4）。

图6-4 《早朝大明宫呈两省僚友》表演现场

短曲三首
《敦煌乐》

魏氏乐谱　卷一　七曲

温子升　词

漆明镜　译谱

客从远方来，

相随歌且笑。

自有敦煌乐，

不减安陵调。

《宫中乐》(《天长久词》)

魏氏乐谱　卷一　二十七曲

卢纶　词

漆明镜　译谱

台殿云深秋色微，

君王初赐六宫衣。

楼船泛罢归犹早，

行遣才人斗射飞。

《寿阳乐》

魏氏乐谱　卷一　二曲

乐府诗集

漆明镜　译谱

可怜八公山，在寿阳，别后莫相忘。

东台百馀尺，凌风云，别后不忘君。

梁长曲水流，明如镜，双林与郎照。

辞家远行去，空为君，明知岁月驶。

　　客从远方来，相随歌且笑。《敦煌乐》曲调质朴，朗朗上口。再转而换调接入《宫中乐》，表达一种不一样的曲风。最后的《寿阳乐》，曲子以高亢的曲调，展现了当地音乐的审美特色。歌词描写了两人借景抒情，相约勿忘的离别故事。而乐词展现的地点就在美丽的八公山，以及历史悠久的寿春城。

图 6-5 《金杯》

图 6-6 十四弦筝独奏

图 6-7 《青纱盖头》

下半场曲目：

《Altargana 金锦鸡儿丛》

Ара газара ургагшэ

在北方的土地上

Аса бүхэтэй Алтаргана

生长着茂盛的金锦鸡儿

Алиган дээрээ тэнжээһэн

我在父母的手心里

Аба эжий хоёрни

无忧无虑地成长

Эбэри газара ургагшэ

在南方的土地上

Ишэ бүхэтэй Алтаргана

生长着顽强的金锦鸡儿

Элигэн дээрээ тэнжээһэн

我在父母的呵护下

Эжий аба хоёрни

健康茁壮地成长

一首布里亚特民歌把听众带到了北疆，述说对远方亲人的思念。

《万丽-何英花》

内蒙古科尔沁民歌，带着听众在广袤的草原上，感受节日的喜庆。人们将生活中的故事唱作歌曲，轻松快乐。

《金杯》

鄂尔多斯民歌（图 6-5）。在节日里，斟满美酒，献给长辈、亲朋好友。

《四段锦》（节选）

十四弦筝独奏

传统山东筝曲（图 6-6）。

《青纱盖头》

陶冶　曲

曲子有着鲜明的地方特色，轻快的旋律之中带有些许忧伤的调子（图 6-7）。

《明灯盏》

青海风格曲

陶冶　词曲

蓝稠袄子黑缎帽

河波映绿岸花红

相见欲语低头笑

纱罗盖头落水中

白榆叶绿山桃红

暖风吹熏垂芳枝

瑶光透破窗户纱

青纱盖头抹黛眉

天池玉露润香腮

静月缠枝映窗纱

　　在西北地区的循化，山谷相间，黄河流经其中，川道平衍，森林茂密，牧草丰美。一首《明灯盏》舒缓地唱起。歌曲带有青海花儿的旋律感，好似一群妙龄的少女行于河边，声如银铃，轻巧优雅。

《老六板》

　　传统曲目《老六板》，这首曲子传播范围广，不同地区也有很多的变体。

《丹池境》

陶冶　曲

　　终曲《丹池境》，取材于《魏氏乐谱》中大成殿雅乐曲《亚献》。在旋律上作了修改，使之层层递进，配器也改为俗乐乐器，一音一鼓，典雅端正。

乐器复原

　　乐器方面的复原，均参考于明清时期各地馆藏的文物。

　　这次的三件琵琶就是参考了大都会艺术博物馆、故宫博物院等机构单位的藏品。

黑漆螺钿浦树长汀琵琶（图6-8）

　　此琵琶的复原灵感来源于私人藏品黑漆螺钿文王访贤琵琶。此种琵琶外形纤细修长，十分秀气。在明清时期的画作、雕刻等艺术作品中常有表现。髹饰的技法属于薄贝磨显类。也就是在褪光的垫光耀照漆层上粘贴煮贝法剥离下来的螺花片。在其上反复覆盖数道黑漆后，再将漆面磨平显现花纹。琵琶挂四根丝弦，共有五相十品，依曲定弦，音色古朴沉稳。

黑漆莳绘岸木崇岭琵琶（图6-9）

此琵琶制作的参考对象是故宫博物院馆藏品黑漆莳绘琵琶。该琵琶制作使用的工艺与文物的工艺一致，都为日本的莳绘技法，并非本土的描金工艺。在琵琶背面使用研出莳绘、平莳绘和肉合莳绘一同创作髹饰。肌理丰富，高低层次错落。琵琶挂四根丝弦，共有四相十品，依曲定弦。面板留有细长的月牙孔，音色明亮。

图6-8　黑漆螺钿浦树长汀琵琶　　　　　图6-9　黑漆莳绘岸木崇岭琵琶

牛骨嵌刻龟甲花果琵琶（图 6-10）

此琵琶的制作参照于美国大都会艺术博物院馆藏品象牙雕刻琵琶。琵琶头雕蝴蝶，颈部以及背部镶嵌雕刻六角形骨片。该琵琶尺寸小于之前复制的清代制式，腹部厚度仅有 2.9 cm。琵琶挂四根丝弦，共有四相十品，依曲定弦。

黑漆素髹月琴（图 6-11）

月琴的制作参考了中国艺术研究院以及古画、私人收藏制作。通体素髹黑漆，以海贝磨制岳山。挂四根丝弦，两两为组。依照明代魏氏乐"设品"。音质偏硬。

红锦罩明双清（图 6-12）

双清根据文献记载尺寸以及实物制作。因为福州地区仍有使用双清的十番音乐。所以在乐器制造工艺方面就有较为完备的细节参考。复制的传统双清为如意头，长杆圆腹，三轴，挂三根丝弦，一二两弦为组。依照明代魏氏乐"设品"。音质洪亮。

图 6-10　牛骨嵌刻龟甲花果琵琶　图 6-11　黑漆素髹月琴　图 6-12　红锦罩明双清

黑漆描金廿五弦瑟（图6-13）

此弦瑟根据各地文物制作。瑟体两端下折，中为直段穹壳的结构。挂二十五根弦，以手工拉紧穿于瑟尾缠绕，为传统上弦法。与个别文物不同，除手工拉紧外，无其他紧弦装置。以移动雁柱调节音准。依曲调整瑟调。音色古朴内敛。

赤漆罩明十四弦筝（图6-14）

根据山东地区文物制作。筝尾下折，中为直段穹壳的结构。挂十四根弦，系于尾部旋轸上。轸插于筝尾面板，成三角状排列。筝柱为莲花形。依曲按照小瑟瑟调定弦。音色古朴明亮。

黑漆素髹轧筝（图6-15）

根据古画、莆田本地文物以及私人藏品制作。琴头下设把手，两端岳山饰以赤宝砂。轧筝依肩竖持，以琴弓擦弦拉奏。音色清丽。

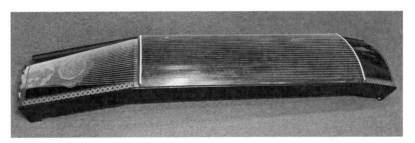

图6-13 黑漆描金廿五弦瑟

图6-14 赤漆罩明十四弦筝

图6-15 黑漆
素髹轧筝

均孔笛（图 6-16）

复制参考来源于美国大都会艺术博物馆以及日本东京艺术大学艺术馆文物。以传统标准音制作，两端饰以牛骨，下垂玉色流苏。

头管（图 6-17）

福州茶亭十番乐所使用之乐器。制式与明代乐器图谱中相同。

十三簧笙（图 6-18）

复制于福州本地私人藏家藏品。通体素髹黑漆，小巧纤细，发音含蓄，犹如凤鸣之雅致。

提琴（图 6-19）

福州茶亭十番乐所使用之乐器。以椰壳做共鸣箱，两弦，以琴弓擦弦拉奏。

携琴（图 6-20）

四轴四弦，两两为组。

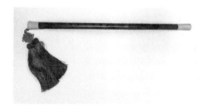

图 6-16　均孔笛

图 6-17　头管

图 6-18　十三簧笙

图 6-19　提琴

图 6-20　携琴

图 6-21　十面云锣　　　　　　　图 6-22　拍板

十面云锣（图 6-21）

福州茶亭十番乐所使用之乐器。锣面排布具有地方特色。

拍板（图 6-22）

乐曲指挥节奏的乐器。

参演人员

赵建新（歌者、执拍）　　卓秋萍（笛）

雷曾桢（管）　　　　　陶冶（笙）

金丽媛（琵琶）　　　　林佳炜（琵琶、梆子）

蒋婷（月琴）　　　　　丁榆婷（双清）

叶君婷（十四弦筝）　　陈芳雨（中瑟）

林静婷（轧筝）　　　　郑心怡（提琴、携琴）

高佳雯（提琴、云锣）　朱子鑫（大鼓）

林珊（歌者、小鼓）　　武豪（歌者）

韩海伦（舞蹈）

鸣谢

服装支持：峯裳、后物堂、鱼汤传统服饰

首饰、妆发支持：季陵造、松果、潘陈晨

策划协作：蜃楼志 Studio

明代魏氏乐谱译谱：漆明镜

第七章

汉服节传播

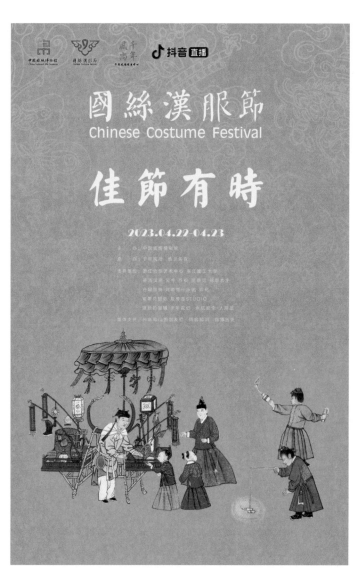

图 7-1 "国丝汉服节：佳节有时" 海报

随着互联网的进一步发展，众多汉服变装、汉服科普在国内外各大社交平台收获了众多流量，吸引众多观众对汉服文化关注和喜爱。作为世界上最大的丝绸专业博物馆，以中国丝绸为核心的纺织服饰专题博物馆，中国丝绸博物馆"国丝汉服节"这一社教活动应运而生（图7-1）。在践行"让文物活起来，让生活更美好"理念的同时，"国丝汉服节"也成为广大热爱服饰、热爱传统文化的观众提供学习、鉴赏和交流平台。

今年的"国丝汉服节：佳节有时"聚焦节日文化，以服饰、纹样为依托，展现出中国传统文化的博大精深。在宣传方面，对外宣传以新媒体传播为主（表7-1），截至2023年6月1日，"#国丝汉服节#"微博话题阅读量达1.3亿，讨论达

5.3万次（图7-2），抖音双话题达1.14亿，全网累计曝光达2.56亿。其中"#国丝汉服节#"话题还多次在活动期间登上微博热搜，小红书话题讨论度累计达274.1万。

表7-1 2023汉服节话题数据（截至2023年6月1日9点30分）

平台	话题	总阅读量（万）	2022年沉淀（万）	2023新增（万）
微博	#国丝汉服节#	13000	10000	3000
抖音	#国丝汉服节	5578.1	1628	3950.1
	#江南美景配上汉服太绝了	6823.8	0	6823.8
小红书	#国丝汉服节	274.1	0	274.1
	总量	25676		14048

注：2023年全网国丝汉服节话题增加1.4亿阅读量，全部累计2.56亿

图7-2 微博话题阅读量

首先提前设置汉服节传播议程（图7-3），分为预热期、集中爆发期和沉淀期。通过微博、微信、抖音、B站等新媒体平台发布相关资讯，于2023年1月份开始预热，4月开始集中爆发。

其次传播形式多样，借助流量宣传。此次汉服节有图文、视频、直播等形式，多维度满足受众需求。以直播为例，"汉服之夜""银瀚论道"等在中国丝绸博物馆的B站、微博、微信视频号、抖音等平台官方账号，以及抖音和ta的朋友们、钱江视频等账号实时直播，总观看量近400万，中国丝绸博物馆官方微博汉服之夜直播观看量124万，转发254次，评论165条，点赞551次（图7-4）。抖音官方账号"抖音和Ta的朋友们"汉服之夜直播在线人数达131万，动态呈现了汉服节精彩瞬间，带领大众领略传统服饰文化的魅力（图7-5）。今年更与抖音官方合作，根据受众搜索爱好设置

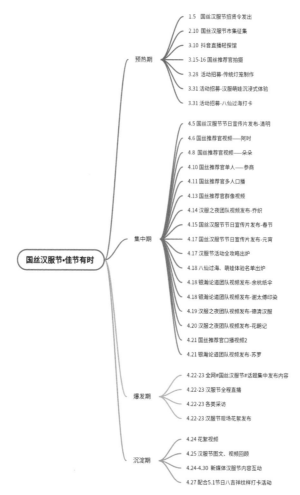

图 7-3 2023 国丝汉服节·佳节有时宣传规划

图 7-4 微博"汉服之夜"直播

"＃江南美景配上汉服太绝了""＃国丝汉服节"等话题（图7-6），设置10位"国丝汉服节：佳节有时"推荐官，发挥其流量优势，扩大活动宣传范围（图7-7）。

杭州站汉服节一结束，博主扬眉剑舞发布博文（图7-8）解析明代后期的佳节应景服饰展示，转发467次，点赞1194次，评论52个。博主李哥哥要当红军咕唧（图7-9）发布本届汉服节精彩回顾视频，转发89次，点赞676次，评论45条。汉服博主陈喜悦、阿时、参商等都发布参与汉服节的所感所得，受到众多年轻汉服爱好者关注。《光明日报》刊登《搭建年轻人与博物馆的桥梁》（图7-10），指出国丝汉服节在博物馆与观众之间、专家学者与汉服爱好者之间搭建了互动交流的平台，不仅让博物馆更加了解观

图7-5　抖音官方直播

图7-6　"＃国丝汉服节"抖　图7-7　国丝推荐官
音话题

众的需求，让文物能够持续发挥其应有的作用，也让观众能够从丰富多彩的活动中有所收获，使传统服饰文化更好地传承下去。

图 7-8 扬眉剑舞博文　　　　　　　图 7-9 "李哥哥要当红军咕唧"截图

图 7-10 《光明日报》国丝汉服节报道

值得一提的是，2022年国丝汉服节首次走出中国，迈向世界。杭州—巴黎的双城联动产生了热烈的反响，受到了众多外国朋友的欢迎。今年国丝馆继续唱响"杭州—帕拉马里博"汉服节双城记，并于4月30日在"国丝汉服节：佳节有时"分会场——苏里南首都帕拉马里博举办"汉服之夜"活动，为当地民众带来丝路文化讲座、传统戏曲、民族舞蹈、汉服走秀等表演，让更多的苏里南人民了解中国文化（图7-11）。苏里南国家电视台ATV、苏里南国家通讯局（CDS）、STVS、《真理时报》《苏里南时报》、星网、《洵南日报》《中华日报》、中文电视台等苏里南主流媒体报道了晚会盛况。

图7-11　苏里南首都帕拉马里博举办"汉服之夜"活动

附

《光明日报》6月27日《搭建年轻人与博物馆的桥梁》

讲述人：中国丝绸博物馆社会教育部主任 楼航燕

【讲述】

5000多年前，中国人驯化了蚕，开始养蚕缫丝。之后数千年中，织绣印染的工艺不断改良创新，形成了辉煌灿烂的服饰文化。作为中华文明重要文化符号的汉服，历经千年发展变迁，款式丰富，所搭配的妆容发型各样，它不仅承载着印染织绣等凝聚匠心的传统工艺，还具有浓厚雅致的文化底蕴。

我所在的中国丝绸博物馆坐落在美丽的杭州西子湖畔，是一座纺织服装类专业博物馆。博物馆共有藏品近 70 000 件，其中代表性的文物包括出土于丝绸之路沿途的汉唐织物、北方草原的辽金实物、江南地区的宋代服饰、明清时期的官机产品以及近代旗袍和像景织物等，全方位展示了中国五千年的丝绸历史及文化。

如今，越来越多年轻人关注并热爱汉服文化，这一点我在工作中感触很深。汉服可以帮助他们近距离感受古代生活和风俗，深入了解传统文化与礼仪，表达对中华文明的认同感和自豪感，同时也成为年轻人社交分享的"流行风尚"，成为一种具有吸引力和审美情趣的文化体验。

虽然各地的汉服活动风起云涌，但是这些活动大多是年轻人自发举行，博物馆鲜有介入。中国丝绸博物馆作为纺织服装类专业博物馆，特别关注位于"衣食住行"之首的"衣"，一直以来以丰富的服饰文物藏品为依托，开展古代纺织服饰的科学保护和研究，并且通过教育活动，将文物保护和研究成果向公众展示和传播。那么，我们何不充分发挥自身专业优势，打造全新的、别样的汉服节呢？

于是，在 2018 年，中国丝绸博物馆举办了首届"国丝汉服节"，以"让文物活起来，让生活更美好"为口号，以博物馆学术研究为基础，通过专题讲座、文物鉴赏、汉服之夜、银瀚论道、手工艺集市等活动，为广大观众特别是传统服饰爱好者搭建互动平台、共享文物资源。如今，国丝汉服节已经连续举办 6 届，受到来自全国各地汉服爱好者的支持和鼓励，逐渐成为年轻人心目中一年一度的传统服饰盛会。活动入场券常常一票难求，相关话题也屡次登上网络热搜。

在每年国丝汉服节上，我们都会邀请服饰领域专家举办专题讲座，向汉服爱好者普及服饰文化，同时精选具有代表性的馆藏服饰进行文物鉴赏。专家会将服装的内部细节，比如衣服的尺寸、褶皱、裁剪等展示给观众，让观众有机会近距离观赏古代服饰。

"汉服之夜"是国丝汉服节的亮点和高潮，参演团队由年轻的汉服爱好者组成，所展示的服饰均有文物或文献记载，通过情景再现和现场讲解，展现古代服饰的多样性和系统性，也为汉服发展正本清源，引领现代汉服走上更优更好的发展路径。

"银瀚论道"是为广大汉服爱好者量身打造的论坛，邀请"同好"结合每年汉服节的主题分享心得体会；手工艺集市招募非遗手工艺匠人，为他们提供宣传、展示和销售的平台；"汉服萌娃秀"通过邀请小朋友进行汉服走秀展示，在孩子心中播下热爱传统文化的种子；我们还与国外的汉服社团和孔子学院联动举办"国丝汉服节双城记"，加强国丝汉服节的海外传播，增加海外华人的民族认同感、自豪感和世界人民对中国服饰文化的认知。

国丝汉服节的成功举办，与我们的用心策划密不可分，也离不开汉服爱好者的鼎力相助。2021 年国丝汉服节上，"汉服之夜"活动有 40 余个团队报名，为了呈现最好的表演效果，他们不计成本和投入，尽心尽力设计表演汉服、策划情景剧、拍摄微电影等等。今年的"国丝汉服节·佳节有时"中有一项"八仙"打卡的游园活动，"八仙"扮演者需要全天游走在馆内为观众盖章，十分辛苦。在招募令发布后，竟收到了近百位年轻人的报名，让我们特别感动。

作为博物馆主办的汉服节，国丝汉服节在博物馆与观众之间、专家学者与汉服爱好者之间搭建了互动交流的平台，不仅让博物馆更加了解观众的需求，让文物能够持续发挥其应有的作用，也让观众能够从丰富多彩的活动中有所收获，使传统服饰文化更好传承下去。

致 谢

一年一度的国丝汉服节至今已举办六届，从第一届的"以物证源"到第五届的"汉晋风流"，是以朝代为脉络，围绕中国历代服饰展开的。"国丝汉服节：佳节有时"开启新篇，以传统服饰为依托，展示中国传统节日文化的丰富内涵。国丝汉服节是一场传统服饰文化爱好者众筹的盛会，每一届的成功举办都离不开社会各界的积极参与和广泛支持，在此对活动筹备和举办过程中给予帮助和支持的单位及个人表示衷心的感谢。

首先要感谢中国驻苏里南大使馆、浙江省人民政府外事办公室、苏里南大学孔子学院、浙江理工大学对"杭州－帕拉马里博双城记"活动的支持。特别要感谢陈爱锋院长为促成国丝汉服节在海外的双城联动所付出的一腔心血，以及徐向珍老师和她的团队所做出的努力。

其次，要感谢深圳大学教授田少煦、江南大学教授牛犁为大家带来专题讲座，从专业的角度解析传统节令纹样和应景补子等艺术特征和文化内涵。感谢何红兵、朱立群、山茶、谢敏、雁鸿分享他们各自在传统手工艺领域所做的实践与创新。感谢纳兰美育、千年风尚、蠹楼志、余杭纸伞、未年花灯、娘娘的潮铺、珩玘、紫荆花摄影、衿娥在活动各个环节予以帮助和配合。同时，要特别感谢浙江京昆艺术中心、德清汉礼、云今、丹邱＆雪朔、乔织、花朝记、锦瑟衣庄、陈诗宇、阿勒克什乐团在"汉服之夜"和"传统音乐会"的精彩表演。

活动成功举办，还得益于国丝馆馆领导的重视和各部门的通力合作。季晓芬馆长多次召集召开汉服节工作协调会，确保活动顺利开展；讲解员钟红桑精心策划、筹备，为活动组织尽心尽力；陈列保管部主任王淑娟做"文物鉴赏"，为观众揭示古代服饰的设计和剪裁细节；社会教育部承担活动组织实施和宣传推广，特别是潘璐、李梦晴承担了苏里南帕拉马里博活动的实施重任；办公室负责安全、保洁等后勤保障；国际交流部和技术部为游园活动提供人力保障；国丝志愿者为观众提供热情服务；等等。

最后，要感谢东华大学出版社在本书出版过程中的全力支持，特别是张力月老师的细致编辑，以及平面设计人员的辛勤付出，让此书更臻完美。

楼航燕

2024 年 3 月 21 日